胡蜂/马蜂 高效养殖与利用技术

赵荣艳 段 毅 主编

中国农业出版社
北京

内容提要

　　本书由河南科技学院资源与环境学院植物保护系赵荣艳和段毅主编。胡蜂也称马蜂、黄蜂。胡蜂养殖是近年来新兴的一种特种养殖。本书系统地介绍了胡蜂的基础知识、养殖管理和开发利用技术。内容包括：概述，生物学特性，养殖技术与设备，饲料，养殖模式，捕获、运输及加工，病虫害防治，开发利用等。文字通俗易懂，实用性强，并配较多插图。可供特种养殖户，农业技术员，农业院校相关专业师生参考阅读。

本书编写人员

主编　赵荣艳　段　毅
参编　杜开书　张耀武　李勇强　吴利民

前 言
FOREWORD

胡蜂能蜇伤人、畜，少数胡蜂品种还捕杀蜜蜂和吸食葡萄、梨等水果，所以经常被人们视为害虫加以消灭。消灭胡蜂是许多地方消防部门的业务之一。其实胡蜂是最被人误解的昆虫之一。

胡蜂其实是一类很有价值的昆虫。我国食用胡蜂蜂蛹的历史悠久。自20世纪70年代以来，人们对胡蜂的经济价值、药用价值以及生态效益作了进一步的了解，开始把它们列为益虫。

在我国南方尤其是西南地区，带巢一同出售的胡蜂是市场最受欢迎的食用昆虫之一，同野生菌、竹虫一样是著名的地方特产和珍贵食材。油炸胡蜂蛹蛋白质含量高，味道极佳、奇香扑鼻。胡蜂蜂蛹在抗衰老、延年益寿等方面具有显著作用，是一种具有很大开发价值的珍贵营养食品。

胡蜂味甘辛，性温，主治风湿痹痛。胡蜂蜂毒在医学上具有很大的应用潜力，可治疗关节炎，并有抗癌及抗辐射作用，可用于医疗新产品的研制和生产，已引起各国医学界的重视。现在国际市场上有20多种胡蜂蜂毒出售，其价格也相当昂贵。胡蜂酒作为治疗风湿和腰酸背疼的特效药，在《中华人民共和国药典》中都有记载。胡蜂酒是我国景颇族验方，在彝族和汉族民间也都有广泛应用。胡蜂酒有祛风除湿，治疗急、慢性风湿痛和风湿性关节炎的作用。胡蜂巢（蜂房）是传统中药材，能镇痛、驱虫、消肿解毒，主治惊痫、风痹、乳痈、牙痛、顽癣、癌症等。

　　胡蜂还是重要的天敌昆虫。胡蜂捕食的主要对象是山林中的其他昆虫，如松毛虫、天牛、玉米螟等重要的农林业害虫。胡蜂防治虫害能取得经济和生态的良好效益，被誉为"植物警察，农业卫士"。

　　在20世纪90年代以前，山区民众获取的野生胡蜂蜂蛹一般都供自己食用，资源丰富、消费量少。目前，随着养生风潮的逐渐兴起，食用胡蜂幼虫及蜂蛹的城市消费者增多，消费量增大，野生资源急剧减少，市场价格逐年走高。

　　为使我国的野生胡蜂资源得到有效保护和合理利用，科研人员很早就开始了胡蜂养殖的研究。胡蜂养殖最早始于20世纪70年代的河南省，主要用于防治害虫。食用胡蜂小规模养殖始于20世纪末的云南省。近年来，随着胡蜂产品市场销量越来越大，胡蜂养殖兴起，一些学者和机构也相继加入胡蜂养殖研究中来，进一步促进了胡蜂养殖业的发展。

　　随着中央和各地电视台对养殖胡蜂进行多次报道，从2014年起，胡蜂养殖进入了快速发展阶段。至2018年，云南、贵州、四川、安徽、北京、浙江、福建、江苏、湖北、广西、河南等至少15个省、自治区、直辖市开始养殖胡蜂。目前，胡蜂养殖已遍及全国，尤其以南方较多。在不少地方，人工饲养胡蜂已经像养蜜蜂一样逐渐形成了产业。

　　人工养殖胡蜂不仅有效地保护了生态，开发了山区丰富的胡蜂资源，也给当地农户带来了较好的经济效益，成为山区农民脱贫致富的一个好项目。根据养殖户近20年来的实践证明，养殖胡蜂具有较高的经济效益和广阔的开发前景，特别适合山区农村养殖。胡蜂产业前景巨大。

　　本书在编写过程中，引用了李铁生、郭云胶、谭江丽等学者在有关胡蜂书籍、杂志、网站及相关报道中的资料与照片；凡能找到作者的均予以注明，如有疏漏之处，可与主编联系，以便再版时注明出处，并对原作者的辛勤劳动表示衷心谢意。李勇强（蜂皇李子）、何龙、谭崇建、崔建新和谭江丽等提供了帮助和照片。段鹏洋做了部分文字输入工作。在此一并致以衷心感谢。

　　由于胡蜂在我国人工养殖年限较短，研究还很少，加上作者水平有限，编写时间仓促，因此难免有错漏之处，恳请读者批评指正，以便再版时更正。读者在阅读本书时如遇到购买胡蜂种源、咨询养殖技术和市场销售等问题，可向作者询问，互相交流，以共同推动胡蜂养殖业的发展。主编段毅手机号码为13323804802（微信同号）。

赵荣艳　段毅

2020年5月于河南科技学院

目 录
CONTENTS

第一章 胡蜂养殖概述

第一节 胡蜂的经济价值、药用价值及生态效益

胡蜂是能蜇伤人、畜，甚至蜇人致死的昆虫，一般人都惧怕，加之少数蜂种还捕杀蜜蜂和吸食果汁（葡萄、梨之类），所以过去一直被人们视为害虫加以消灭，是最被人误解的昆虫之一。自 20 世纪 70 年代以来，人们对胡蜂的经济价值、药用价值以及生态效益有了更深入的了解和认识，才把它们列为益虫。研究表明，胡蜂是昆虫食物链中重要的一环，对维护生态平衡起着重要作用。胡蜂是杂食昆虫，处在昆虫食物链顶端。除取食糖类、捡食动物尸体外，主要捕食双翅目、鳞翅目、膜翅目昆虫，尤其以双翅目中的蝇类、虻类居多，蜜蜂只是它食物中的极少部分，不应将其尽数剿灭。

有些植保人员和果农认为胡蜂对水果的危害较大，事实上在胡蜂咬破的水果中，绝大多数是遭虫害或破损、开裂的水果。与其他昆虫相比，胡蜂的存在绝对是利大于弊。胡蜂的存在不仅会使虫害大幅度减少，而且间接提高了水果的花期授粉率，从而使水果的产量增加。

一、营养价值

在唐代，胡蜂蛹就已成为民间馈赠或售卖的一种上好食品。

为了开发利用胡蜂幼虫及蛹的食用和营养价值，冯颖、陈晓鸣等对胡蜂的一些常见种类进行了营养成分分析（表 1-1）。分析结果表明，凹纹胡蜂的粗蛋白含量在鲜样中占 15.13%～21.07%，含有 13～16 种氨基酸，鲜物质中氨基酸含量 10%～22%，干物质中氨基酸含量 42.93%～81.27%；氨基酸中含有 7 种人体必需氨基酸，必需氨基酸含量 3.36%～33.62%，占氨基酸总量的 34%～42%；氨基酸总量呈现出从幼虫-蛹-成虫逐渐增高的趋势，粗脂肪则从幼虫-蛹-成虫逐渐降低。胡蜂幼虫、蛹体内还含有丰富的矿物元素等其他成分。

比较来看，胡蜂的蛋白质含量较高（干样中占 38.95%～71.07%），高于一般昆虫，显著高于猪肉（蛋白质占干重的 21.42%）和牛奶（蛋白质占干重的 28.04%）；脂肪含量低于常见的牛肉、羊肉，属于高蛋白低脂肪食品；氨基酸含量丰富且全面，氨基酸种类达 18 种，人体必需和半必需氨基酸齐全。幼虫和蛹是一种理想的营养食品。胡蜂成虫虽然蛋白质和氨基酸含量较高，但其食用价值却远不如幼虫和蛹，而且胡蜂成虫体内含有蜂毒，在利用时还需慎重。

表 1-1　几种胡蜂的营养成分占比（%）

种类	虫态	粗蛋白	粗脂肪	总糖	灰分	水分
凹纹胡蜂（鲜样）	幼虫	15.13	7.18	2.24	1.17	71.58
	蛹	17.12	6.97	1.66	1.20	71.43
	成虫	21.07	4.08	0.65	1.28	70.88
凹纹胡蜂（干样）	幼虫	48.39	23.01	7.15	3.37	9.77
	蛹	54.23	22.07	5.27	3.82	9.51
	成虫	65.34	12.65	2.00	3.96	9.68
平唇原胡蜂（干重）	幼虫和蛹	46.28	24.14	22.76	3.21	73.86
黑盾胡蜂（干重）	幼虫和蛹	54.69	28.55	16.73	3.19	74.95
台湾黄胡蜂（干重）	幼虫和蛹	50.38	23.97	19.79	3.41	72.41
褐胡蜂（干重）	幼虫和蛹	51.29	20.77	14.86	3.19	75.24

（续）

种类	虫态	粗蛋白	粗脂肪	总糖	灰分	水分
东方胡蜂（干重）	幼虫和蛹	46.86	24.50	15.68	3.14	69.70
常见黄胡蜂（干重）	幼虫和蛹	38.95	27.47	20.25	2.51	65.34
大胡蜂（干重）	幼虫和蛹	61.78	20.36	12.40	3.52	78.15
基胡蜂（干重）	幼虫	50.83	29.01	6.76	1.32	75.37
	蛹	58.60	27.75	5.20	1.36	72.18
	成虫（雌）	71.07	17.22	2.75	1.62	68.98
金环胡蜂	幼虫	54.59				
黄裙马蜂	幼虫	46.17				
畦马蜂	幼虫	57.88				

注：除凹纹胡蜂（干样）外，水分为冰鲜样中的含量。

引自冯颖、陈晓鸣等，2001。

二、药用价值

胡蜂富含亚油酸、亚麻酸等人体必需脂肪酸，具有降低血脂、抗肿瘤、调节免疫力、健脑益智、改善视力等作用，是一种具有很大开发价值的天然营养食品。早期人们的习惯是利用野生的胡蜂科大型蜂类昆虫的幼虫或者蜂蛹来作为制作蜂类制品的原材料，最受欢迎的是金环胡蜂、黄腰胡蜂、凹纹胡蜂等。

胡蜂幼虫和蛹作为食用珍品具有很高的食疗价值。早在春秋战国时期，胡蜂蛹就已经成为王侯的保健食品，作为宫廷筵席珍品食用。现代研究证明，胡蜂蜂蛹具有延缓衰老和增强繁殖能力的显著作用。

利用胡蜂和马蜂作为中药材已有悠久的历史。胡蜂味甘辛，性温，主治风湿痹痛。胡蜂成虫、幼虫、蛹及蜂巢均可入药，可内服、外敷治疗各种毒虫咬伤、疔毒肿疮及妇科疾病。我国大量医药古籍、文献中都有利用蜂毒、蜂房、蜂蛹治病、保健和美容的记载。

胡蜂酒在《中华人民共和国药典》有记载。胡蜂酒为胡蜂科昆虫的酒浸液。胡蜂酒是我国景颇族验方，在彝族和汉族民间都有广泛应用，历史悠久。胡蜂酒是治疗风湿和腰酸背疼的特效药，不仅有祛风除湿，治急、慢性风湿痛，治风湿性关节炎的作用，而且对肩周炎、坐骨神经痛、四肢麻木、跌打损伤都有一定的疗效。许多山区的老百姓自古就有用金环胡蜂泡酒的习惯，认为喝蜂酒可以预防和治疗风湿病。

胡蜂具有强烈的攻击性，胡蜂蜇伤人畜可能导致严重的后果，可使人畜休克甚至死亡，但蜂毒在医学上的应用具有很大的潜力。胡蜂蜂毒可用来治疗关节炎等症，具有很高的药用价值，对医疗新产品的研制和生产有着重大意义，蜂毒作为医药原料可造福于人类健康。现在国际市场上有 20 多种胡蜂蜂毒出售，其价格相当昂贵。胡蜂毒被称为"上帝赐予人类最好的天然药物"，国际市场上价格高于黄金。近几年，国内外报道，胡蜂毒有抗癌和抗辐射的功用，因而引起医学界的重视。

胡蜂巢也叫胡蜂房，就是胡蜂的巢室及巢壳，含有丰富的氨基酸。胡蜂科的大胡蜂或同属近缘蜂所筑造的蜂巢，在《神农本草经》里被列为上品。中医称蜂巢为露蜂房，是传统的中药材，有镇痛、驱虫、消肿解毒功效，主治惊痫、风痹、乳痈、牙痛、顽癣、癌症等，常用于龋齿、牙痛、难治性感染、乳房炎、皮肤顽癣、手足湿疹等多种疾病的治疗。用胡蜂巢煎水服，可治疗糖尿病。用蜂巢里的黑颗粒泡酒服用，可增强免疫力，增强体质。现代药理研究表明，蜂巢水提取物对细菌、真菌引起的疾病均有很好的治疗和辅助治疗效果。蜂巢成品中药在药房大约 400 元/千克，没经过处理直接从树上摘下的蜂巢在 40～60 元/千克。黑胡蜂巢还是出口日本的商品。

三、生物防治价值

除具有食用和药用价值外，胡蜂还是肉食性昆虫，位于昆虫世界食物链的顶端，捕食量大，主要以害虫为食。胡蜂可以有效捕捉棉铃虫、菜粉蝶、造桥虫、棉卷叶螟、二化螟、三化螟、稻纵卷叶螟、豆荚螟、黏虫、白薯天蛾、豆天蛾、稻苞虫及其他多种鳞翅目幼虫，还捕捉松毛虫、天牛、玉米螟、蝗虫等多种重要的农林业害虫，可作为天敌防治体型较大的害虫，是重要的天敌昆虫资源，在维护森林健康和生态系统平衡中扮演着重要的角色，在农林生物防治中具有重要的作用。如果对森林中的胡蜂巢不加以保护，就有可能造成局部地区森林害虫的大发生。有养胡蜂的地方，虫害就少，可以防治树木和庄稼上的害虫。事实上，黄边胡蜂最早就是作为天敌昆虫从欧洲引入美国的。在日本，有人将初期胡蜂巢移入田地周围或荒山来防治害虫。

20 世纪 70 年代，在我国河南、湖北、湖南、浙江、安徽各地利用马蜂消灭农业害虫，开展面积达数十万亩*，并取得了显著的效果。1975 年，我国河南虞城县已经利用亚非马蜂和陆马蜂防治棉铃虫，并取得了明显成效。河南商丘 1975—1977 年防治面积达 2.668 亿米^2。湖南石口 1978 年利用胡蜂防治棉铃虫，每 667 米^{2}棉田施药日期由 150 天减少到 40 天；易市 1 334 千米^{2}棉田用药由 97.5 吨减少到 25.5 吨，节省开支 12.76 万元。胡蜂在农业上消灭害虫成绩是显著的，被誉为"植物警察、农业卫士"。

四、传粉价值

近年来，胡蜂对植物的传粉作用受到科研人员的注意。胡蜂吸食花蜜，也能帮助野生植物传粉。胡蜂可能对茶花有重要的传粉作用。海南石斛能吸引双色胡蜂前来传粉。云南凹纹胡蜂可能是党参的唯一传粉者。五加科八角金盘属常绿灌木或小乔木在中国南北方均有分布，它的主要传粉昆虫中就有金环胡蜂、青纹胡蜂和黄脚胡蜂。中国台湾引入胡蜂（虎头蜂）为荔枝授粉，还取其胡蜂产品。

---

* 亩为非法定计量单位。1 亩＝1/15 公顷。

第二节　野生资源情况

随着目前养生风潮的逐渐兴起，由于昆虫食品蛋白含量高、养生效应和食疗效果好，喜欢食用昆虫天然蛋白的城市消费者越来越多，对于蜂类产品的需求越来越旺盛。胡蜂的幼虫和蛹，被公认为不可多得的高蛋白营养佳肴而备受推崇，产品供不应求。

生存环境恶化导致胡蜂科昆虫种群野生资源数量急剧减少。居住在山区的人们靠山吃山，山中丰富的野生胡蜂幼虫和蜂蛹自然成为了人们蛋白类营养的重要来源。以前山区森林茂密，杂木林中胡蜂种群数量大，野生资源丰富。21世纪以来，森林资源被破坏，胡蜂赖以栖息的山林环境急剧减少，胡蜂可以捕食的小昆虫、可以吸取汁液和取蜜的植物等资源也日益减少，使得胡蜂种类濒临灭绝状态。

由于胡蜂食品受到人们的喜爱和欢迎，市场价格逐年走高。山区附近众人皆知到野外用传统粗暴的方式（火烧胡蜂、农药毒杀蜂、蜂笼关蜂）获取蜂幼虫和蜂蛹增加收入。虽然各地对此是禁止的，但是由于山区相对闭塞，人们为了高额利润使用毁灭式的采集方式致使胡蜂灭绝。比如在福建，自从2005年胡蜂酒的功效被人们认识以后，野生胡蜂惨遭灭顶之灾，被灭绝式采集得近乎绝迹。近年来由于蜂蛹的价格不菲，在云南许多山区农村，每年的8～11月都有若干个季节性专业烧蜂队伍进行毁灭性烧取蜂蛹，一些地方的大型胡蜂种类如黑胡蜂、黄蜂已经灭绝，其他胡蜂的种类也在急速减少。如果再继续下去，不久胡蜂将会灭绝，将会造成无法弥补的损失。

第三节　产品价格与市场行情

现在野生胡蜂幼虫和蜂蛹开始逐渐走向了大城市，在山林里获取的蜂类食品原材料已经稀缺，价格日益上涨。在云南许多地区的农贸市场上经常能见到连蜂巢一起出售的胡蜂蛹和幼虫，价格昂贵，远远超过鸡、鱼等肉类食品。

2014年，在广东、福建这些地方胡蜂成虫3元左右1只。2014年3月，广西阳朔胡蜂连巢一起卖80～100元/千克，蛹取出来单独卖240～300元/千克，幼虫价格120～140元/千克，蜂蛹根据胡蜂的不同生长阶段进行分级销售：一级320元/千克，二级240元/千克，三级160元/千克，四级120元/千克，胡蜂蛹菜卖80元一份。胡蜂成虫1元钱1只。2017年中期德宏金黄虎头蜂蜂蛹市场收购价高达120元/千克，成蜂2元1只。黑尾胡蜂市场收购价为120元/千克，成蜂每只2元。2018年初，直接取下的胡蜂巢收购价在120元/千克，零售160～180元/千克，蜂蛹240元/千克以上，大型胡蜂成蜂（活蜂泡酒）每只2元左右。

大胡蜂经济价值和价格更高。大胡蜂在土中做巢，蜂巢直径可达1米，巢室数可达10万多个，可在3年内多次取蜂脾，平均质量可达几十千克；在云南南部养殖条件较好的地区，部分蜂巢质量达100千克以上。在云南，带蜂巢的大胡蜂蜂蛹价格为200～500元/千克，单个蜂巢售价常可达数千元，100千克以上的大蜂巢，常单个论价，售价可高达1万元以上。此外，成虫零售，每只1～2元，用于泡酒治疗关节炎、风湿等疾病。近几年在湖南吉首、张家界等地金环胡蜂蛹可达400元/千克。

蜂蛹价格主要由三个因素决定：地区、蜂蛹的种类、蜂蛹的等级。

（1）地区因素　不同地区价格差价很大。云南、广东一带喜欢吃蜂蛹的地区的胡蜂蛹要贵得多，另外，少数民族较多的地区也会比较贵；其他地方价格便宜。一般菜市场卖的都是活的、带巢的蜂蛹。

（2）蜂蛹种类　蜂蛹越大越贵，这是在喜欢吃蜂蛹的地区（价格差一两倍都是正常的，比如金环、大黑蜂就很贵，大黑蜂2018年在云南带巢卖都是400元/千克了，而且供不应求）。

（3）蜂蛹的等级　这里说的等级一般是指冰冻蜂蛹（就是采摘胡蜂蛹回来装袋马上放入冰箱保存），以上说的是带巢带蛹的活的。这两种价位不同，消费人群也不一样。活的只在喜欢吃蜂蛹的地区销售，冰冻蜂蛹主要销往全国的高级餐馆。蜂蛹等级一般分为3个等级，质量依次递减。中等个头的蜂蛹一级售价150～200元/千克，二级100～130元/千克，三级销量很少，只在喜欢吃蜂蛹的地区销售。

随着胡蜂的市场销路越来越广泛，价格越来越高，胡蜂养殖逐渐兴起。

第四节　养殖状况与风险

胡蜂具有群居性特征，只要有蜂王就能够形成新的蜂群。我国古代有为胡蜂迁巢圈养的习俗。这一习俗在我国西南的云南、贵州、广西等地传承至今，当地农民在胡蜂分巢后，将胡蜂巢移至居家附近养殖，采幼虫和蜂蛹到市场销售。长久以来，都有人尝试驯养野生胡蜂，但是都没有成功。

国内胡蜂人工养殖始于20世纪70年代的河南省，主要用于农业害虫防治。1974年河南商丘利用胡蜂防治棉田害虫，取得了较好效果。此后，人们开始研究胡蜂的人工繁殖。到80年代中期在人工辅助越冬、越冬后管理、人工辅助建巢和迁巢，培育胡蜂人工种群及防治棉花害虫方面都取得较大的进展；同时也出现了药用胡蜂的人工养殖，但养殖规模较小。

食用胡蜂小规模养殖探索始于20世纪90年代的云南省。近年来，随着食用胡蜂的人越来越多，胡蜂食用消费量的大幅增加。为了满足消费需要，很多研究者开始研究胡蜂的养殖。对于胡蜂幼虫和蜂蛹的快速养殖探索，已经取得了一定的进展。不少相关机构也相继加入到胡蜂的养殖研究中，尤其是一些农业高校昆虫研究相关学者也较早开展了食用胡蜂的研究，从而促进了胡蜂产业的发展。胡蜂通过人工交配，蜂王批量越冬，蜂王筑巢、产卵及培育蜂群等技术管理后可以实施批量养殖，其蜇伤人的危险可以通过防蜂服和其他安全措施而降到最低点。

2010 年在云南昆明，胡蜂养殖就已经形成了一个特别产业。2010—2011 年养殖的金环胡蜂一窝幼虫可达 50 千克，工蜂 1 万只。2011 年报道四川德昌很早就开始把野外的胡蜂移到村子附近养殖。2014 年广西阳朔的蜂蛹产量在 100 吨左右，带来直接收入 2 000 多万元，人均收入都在万元以上。从 2014 年起，胡蜂养殖进入了快速发展阶段，很多省份都开始了养殖。全国胡蜂蛹产量在 7 000 吨以上。2018 年猎蜂人 8～11 月猎蜂收入在 1 万～3 万元不等，收益可观。

至 2018 年底，我国的云南、贵州、四川、河南、安徽、北京、浙江、福建、江苏、湖北、广西等至少 15 个省、自治区及直辖市开始养殖胡蜂。在不少地方人工饲养胡蜂已经像养蜜蜂一样逐渐形成了产业，养殖也以山区为主。

目前，胡蜂人工养殖遍及全国，其中南方较多。

胡蜂养殖具有较高的收入，一些农户试图人工养殖胡蜂。然而人工养殖胡蜂的难度较大，胡蜂养殖是个勇敢者的行业并且具有如下风险。

(1) 技术风险　在技术还没有完全掌握成熟时，一定不要一开始就投入太多的资金和资源，弄不好会损失惨重。开始的时候可以把胡蜂养殖作为副业，等技术流程完全掌握再换成主业，这样可规避风险。

(2) 销路风险　养殖前必须要了解市场行情，考虑好销路，如果单一养殖胡蜂，销路一旦出现问题，就会资金周转困难。只有了解好行情掌握一定的销售渠道后，产品销售才不会出现问题。

(3) 蜇伤风险　养殖胡蜂具有被蜂蜇的危险性，如果想养殖胡蜂，必须先做好下面两件事情：①对胡蜂类有足够的了解和认识，对它们的生活习性、规律很了解，这样会把被蜇的可能性减少到最低限度。特别是大型胡蜂类的养殖尤其要十分小心和谨慎。②即使是一个防护严密的老养殖者，偶尔被蜇也是在所难免，被蜇后不仅疼痛难忍，而且1毫克的胡蜂毒（2只普通胡蜂的毒量）就可以使一个对蜂毒高度敏感的人出现生命危险，所以如果想从事胡蜂养殖，必须学习防蜇和救护知识。

（4）登高风险　胡蜂经常会在悬崖陡壁或数十米高的树上筑巢，在迁移巢穴或者取蜂蛹时必须树立足够的安全意识，量力而行，以免追悔莫及。对于有恐高症的人来说，这项工作难以进行。

（5）其他风险　胡蜂攻击性很强，而且毒性较高，对人的危险性很大。如果将胡蜂养殖在离人群近的地方，虽然饲养方便，但是有可能误伤人畜，也有可能受到农药侵害或遭到人为杀灭。为了安全，一般养胡蜂的场所多选在远离人们居住的地方，大多在山区及偏远地区，交通也不方便。对于想养殖胡蜂的人来说需要有一定的心理准备。

第五节　产业发展存在的问题

通过多年的研究、实践、宣传与发展，胡蜂养殖各方面取得了很大进展，出现了可喜的产业化形势，但仍存在诸多问题，一些关键方面有待突破和提高。这些问题将是以后研究的热点。

（1）部分人对食用胡蜂还存有偏见，被消费者接受的程度是推广食用胡蜂的关键。

（2）胡蜂的基础研究较为薄弱。研究者对部分常见胡蜂生物学特性进行了研究，涉及大黑蜂、凹纹胡蜂、黑尾胡蜂等的形态特征、生活史、繁育等。这些研究为胡蜂人工养殖奠定了一定基础，但所涉及的种类较少，缺乏与人工养殖相关的关键研究，限制了胡蜂养殖产业化发展。

（3）胡蜂病虫害研究较为薄弱。一些研究涉及胡蜂天敌，但程度不够；病害研究极少。胡蜂病虫害普遍存在，一些养殖点十分严重，引起胡蜂大量死亡。胡蜂病虫害严重影响了胡蜂养殖产业的发展。

（4）胡蜂养殖种类较少，缺乏优质种源。胡蜂的生物学特性和生态适应性决定了不同种类胡蜂的分布区域，导致外地引种养殖有失败的可能。部分养殖户开始驯化本地种源，但由于缺乏专业知识，成功的不多。养殖种源来源较少，已成为急需解决的关键问题。

（5）胡蜂交配技术有待提高。很多越冬后的蜂群第一代就开始出雄蜂，导致养殖失败，其原因与交配不完全有关。雌、雄胡蜂均有多次交配习惯，但目前并不清楚雌雄最佳配比，一些养殖户通过人工干预即用手抓住准蜂王，不让其啃咬雄蜂，保证雄蜂有更长的交配时间，部分解决了金环胡蜂交配不充分问题。

（6）越冬后准蜂王死亡率常高达 60% 以上，具体原因尚未明确。越冬后主要饲喂蜂蜜和蜜蜂成虫，并有部分养殖户在蜂蜜中添加维生素和其他成分。从目前养殖情况来看，食料可以满足准蜂王需要，但营养是否完全满足其生殖系统发育不能肯定。

（7）养殖饲养技术并没有十分成熟。目前养殖模式仅为放养，小蜂群建立后，在工蜂 20 只左右时可移出野外放养。凹纹胡蜂可以集中养殖，金环胡蜂则只能散养。养殖密度目前仍处于摸索阶段，一般根据林地面积，每个点养殖凹纹胡蜂 20 巢左右，金环胡蜂则几平方千米仅能放养 1 巢。由于科学实验次数较少，放养密度不能精准计算，常导致养殖效益不高，甚至亏损（曾有养殖户将 100～200 巢凹纹胡蜂集中养殖，结果养成仅有 5 巢）。原因主要是食物少，导致胡蜂饿死和争夺食物相互残杀。温室内高产养殖技术仍是亟待解决的热点问题，只有低成本大规模饲养技术才是研究和发展方向。

（8）胡蜂食物主要为鳞翅目幼虫以及直翅目、双翅目、膜翅目、蜻蜓目等昆虫，并取食花蜜、水果、树汁等。不同胡蜂种类具有不同的生物学特性，其食物有很大区别。但这方面研究较少，不同胡蜂取食具体种类、比例以及不同生境食谱差异与生长发育间的关系没有完全研究清楚。

（9）胡蜂养殖的生态与安全风险。胡蜂是蜜蜂的天敌，蜜蜂养殖是山区农民的传统产业，胡蜂养殖可能对蜜蜂养殖造成损失，在胡蜂养殖地区，蜜蜂受惊不出巢，蜂蜜产量减少；蜜蜂常被胡蜂大量捕食，甚至造成蜜蜂群出逃。胡蜂对野生蜜蜂等授粉昆虫的捕食，可能会降低农作物的产量；另外胡蜂对其他昆虫的大量捕食，导致鸟类等其他相关物种食物减少，可能影响整个生态系统的平衡，但目前缺乏研究。胡蜂养殖对人畜的安全造成隐患，胡蜂受到惊扰会对人畜发起攻击，可能会造成严重后果。

（10）胡蜂产品与市场有限。目前市场销售仍以蜂蛹为主，其次是蜂毒酒，再次为蜂巢和蜂毒。蜂蛹以活体为主，主要在本地市场销售，少量以冻蛹和风干蛹外销。蜂毒酒以胡蜂成虫浸泡而成，没有除去蜂毒中的易过敏成分，饮用者易造成不适甚至腹泻。胡蜂酒药效不稳定，质量参差不齐，保存条件也不易保证，因此基本上还是山区自产自销，没有大量进入城市市场。蜂巢仅作为传统中药销售，很少量用作工艺品，尽管也出口日本，但需求量较小。目前蜂毒市场极小，仅少数科研单位购买用于科学研究。

（11）胡蜂有多种加工和食用方法，但质量安全并没有明确的规定。确定胡蜂产品的质量安全标准，将是胡蜂的研究内容之一，也是胡蜂能否大范围推广的重要因素。

（12）蜂毒采集方式有待完善，产量也很少。蜂毒具有很高的药用价值，目前对胡蜂毒的采集采用蜜蜂的电击取毒，这种方式对胡蜂伤害依然较大，也无法收集蜂毒中的挥发成分，同时对初级胡蜂毒的保存、纯化等也缺乏研究。提取胡蜂毒和保存的技术还有待完善。

（13）胡蜂活性组分的鉴定及其机理研究不够。胡蜂以食品或医药保健品的形式出现，加工技术直接决定了胡蜂产品的形式、营养成分、有效物质和价格等方面，这些产品只有满足消费者的需求才能真正被推广。尽管1999年复方蜂毒擦剂就与大胡蜂毒素、大胡蜂房一起获得了云南省卫生厅颁发的民族药材证书和生产批文，但有关部门尚未分析出胡蜂蜂毒成分。胡蜂蜂蜇疗法的治疗效果参差不齐，过敏现象时有发生。因此，胡蜂产品活性组分的鉴定及机理研究是今后研究的重点之一。

（14）胡蜂产业还没有引起政府足够重视。虽然胡蜂养殖蓬勃发展，但是至今还是产量很少的特色产品，导致相关部门不重视。胡蜂养殖具有安全隐患，所以相关部门参与和支持甚少。胡蜂方面的科研课题极少，许多地方还将其视为害虫杀灭。胡蜂产业的发展基本全靠民间力量在推动，这是制约胡蜂发展的主要原因之一。因此，业界需要争取政府部门及社会各界人士支持胡蜂养殖产业发展，投入更多研究经费，鼓励更多的科研人员参与胡蜂养殖研究，尽快解决胡蜂养殖中的关键技术难题和安全防范问题，为胡蜂产业的快速发展提供科技支持。

第六节　产业发展展望

胡蜂是具有重要食用、保健、药用、生态和科研价值的昆虫。以获取蜂蜜、蜂王浆等为目标的蜜蜂养殖已十分成熟，经济和社会效益明显。以获取幼虫、蜂毒为目标的胡蜂养殖，应根据胡蜂的特性，参考养殖蜜蜂的模式，实施以山区野生放养和平原人工喂养相结合的养殖模式。

近年来，胡蜂人工养殖有了较大发展，特别适合山区农村，是山区农民脱贫致富的一个好项目。居住在山区的人，在山林和田边地角养殖胡蜂，可以因地制宜、就地取材地充分利用资源。胡蜂养殖应该尽可能在山区进行。

令人振奋的是，胡蜂人工饲料和病虫害预防药已经研制问世。人工饲料摆脱了胡蜂养殖受制于昆虫食物的限制。从天然食物到人工食物，这是胡蜂养殖业发展的一次飞跃。它为规模化和工厂化胡蜂养殖奠定了基础。病虫害预防药更为胡蜂养殖提供了保障。

胡蜂养殖业最终要回归到温室内高密度全年饲养上，甚至工厂化养殖生产上。胡蜂饲养总有一天会彻底摆脱野生资源的限制。高附加值的蜂蛹和蜂毒加工只有拥有了产业基础，才能真正保护好野生胡蜂种质资源，成为长久开发利用的基础。胡蜂类产品一旦获得国家批准文号，市场必将销量大增，反过来又能促进胡蜂养殖的大发展。

展望胡蜂产业的未来，这个产业具有高利润和高效益的潜力，具有极大的诱惑力，但是不能贸然过多地投入，毕竟胡蜂养殖是有潜在风险的。养殖户最好量力而为，根据自己的能力去发展，并且要有抵御相关风险的能力，不要给自己带来额外负担。

蜜蜂产业早已有全国性的产业协会，即养蜂协会。随着胡蜂产业的迅速发展，不久的将来必定会有相关部门规范指导和监督行业发展。到那时，作为新兴的胡蜂产业也必定会有自己的行业组织指导和推进胡蜂产业良性健康发展。

第二章 生物学特性

胡蜂是一种能伤害甚至致人畜死亡的昆虫，具有一定的危险性，人们一般对它都避而远之。因此，只有在掌握其生物学特性的情况下才能养殖成功。

第一节 生物学分类与可食用种类

胡蜂科隶属于动物界节肢动物门昆虫纲膜翅目细腰亚目，是肉食性昆虫。全世界有记录的胡蜂已有 5 000 多种，我国已发现 200 种。胡蜂科（Vespidae）分为 6 个亚科：犹胡蜂亚科、马萨胡蜂亚科、蜾蠃亚科、狭腹胡蜂亚科、马蜂亚科和胡蜂亚科。此分类被学者普遍接受并沿用至今，除马萨胡蜂亚科取食花粉外，其他亚科以肉食性为主。

马蜂亚科（Polistinae）中国已知 3 属 50 多种和亚种，能与人和平共处，分为马蜂属（*Polistes*）约 30 种、侧异腹胡蜂属 4 种、铃腹胡蜂属约 20 种。筑巢为纸质。最为常见的是马蜂属，俗称马蜂，喜欢在人类活动场所如屋檐下筑巢。成蜂数量一般不过 200 只。中国常见的马蜂有棕马蜂、约马蜂、陆马蜂、果马蜂、褐马蜂、角马蜂、普通马蜂、柑马蜂、麦氏马蜂、日本马蜂、斯马蜂、印度侧异腹胡蜂和变侧异腹胡蜂。

胡蜂亚科分为胡蜂属、原胡蜂属、长黄胡蜂属、黄胡蜂属。胡蜂亚科以其蜂巢形状似人头而得名"人头蜂"，外壳通常近球形，又称"葫芦包"，毒性强于马蜂。中国胡蜂属有 16

个种。胡蜂属根据蜂巢位置可以分为树巢胡蜂类群和地巢胡蜂类群2个大的类群。树巢胡蜂类群多于树干上和中空的树洞穴内筑巢，在森林遭破坏的地区，也有一些如凹纹胡蜂等在高大的建筑物上、房檐下和岩石缝等处筑巢。巢室壁较厚，多呈拟态和保护色，包括：基胡蜂、凹纹胡蜂、黄边胡蜂、墨胸胡蜂、寿胡蜂、三齿胡蜂、马关胡蜂、河口胡蜂等。地巢胡蜂类群于地下土洞内筑巢，巢室多建筑在小型兽类穿山甲和白蚁遗弃的旧巢穴或坟堆、树根、墙缝、岩洞等处，挖土扩大洞穴增建巢室。巢室壁较薄，隐藏在洞穴内，包括：大胡蜂、金环胡蜂、黑尾胡蜂、黄腰胡蜂、金箍胡蜂、黑盾胡蜂、变胡蜂等。

胡蜂按活动习性可分为夜行蜂（夜晚出来活动觅食）和日行蜂（白天出来活动觅食）。夜行蜂有小夜蜂和大夜蜂。日行蜂中具有养殖和研究价值的主要有金环胡蜂、大黑蜂、黑尾胡蜂、黄脚胡蜂和黑盾胡蜂等。

胡蜂按冬眠习性还可以分为冬眠蜂和不冬眠蜂（冬眠指的是蜂王，其他蜂寿命很短）。

黄蜂是黄胡蜂属和长黄胡蜂属的种类俗称，因其常见体色为黄色而得名。

综上所述，一般情况下胡蜂泛指胡蜂亚科胡蜂属，马蜂指马蜂亚科马蜂属，而黄蜂则特指胡蜂亚科黄胡蜂属和长黄胡蜂属。胡蜂和马蜂是并列的关系，黄蜂则从属于胡蜂。胡蜂与马蜂在饲养管理等方面没有本质区别；本书行文中总称为胡蜂。

中国民间食用的胡蜂和马蜂有数十种。常见的有胡蜂科胡蜂属的凹纹胡蜂（葫芦蜂）、黄腰胡蜂、黑尾胡蜂（热带胡蜂）、拟大胡蜂、丘胡蜂（黄纹大胡蜂）、黑绒胡蜂（基胡蜂）、大胡蜂、金环胡蜂（斑胡蜂）、黑盾胡蜂、变胡蜂、东方胡蜂、褐胡蜂、大金箍胡蜂、墨胸胡蜂，黄胡蜂属的台湾黄胡蜂、常见黄胡蜂，原胡蜂属的平唇原胡蜂等20余种。马蜂科马蜂属的有黄裙马蜂、畦马蜂、黄星长脚马蜂（大黄蜂）、中华马蜂（华黄蜂）、角马蜂、棕马蜂、亚非马蜂、柑马蜂。一般最受欢迎的是金环胡蜂、黄腰胡蜂、凹纹胡蜂等。其中，凹纹胡蜂是主要的市场销售种类。

第二节　生物学特性概述

一、虫体形态

胡蜂科昆虫一般是大型昆虫，体形比较细长，颜色呈现出黄色或者红黑色，常带有黑色和褐色的斑点和条带。

胡蜂为完全变态昆虫，一生要经历卵、幼虫、蛹和成虫4个发育阶段，幼虫共5龄，各阶段形态各异。从卵到成虫为一个世代。

1. 卵　卵期约6天，卵呈椭圆形，状似茄子，朝巢口的一端稍大，白色，光滑。卵端部形成胡蜂未来的头部，基部形成腹部（图2-1）。

2. 幼虫　幼虫期约16天，幼虫体粗胖，两端略尖，梭形，乳白色半透明，无足，整个幼虫期都待在巢室中，不爬行（图2-2）。幼虫消化道与排泄孔不通，于中肠部由围食膜形成一封闭的囊，排泄物贮存在囊中，化蛹后此囊干硬变黑，随蜕掉的皮一起脱出。

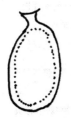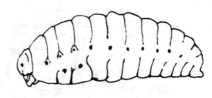

图2-1　胡蜂卵　　　　图2-2　胡蜂幼虫

3. 蛹　此时幼虫发育成熟停止进食，自己作茧于蜂室顶部，封闭其中并开始羽化为成虫。蛹为黄白色，刚化的蛹乳白色半透明，随老熟程度颜色逐渐加深，显现成虫体色（图 2-3）。头、胸、腹分明，主要器官明显可见，蛹不食，封盖期约 6 天，在蜂室内羽化成蜂后，以上颚咬破室口钻出。

4. 成虫 成虫头部大型复眼位于头上部两侧，呈肾形，胸部近似圆柱形，端部略细，胸部分 3 节，每节生有 1 对足，中、后胸上各生有 1 对膜质的翅，即前、后翅（图 2-4）。成虫 3 对足均灵活有力方便抓捕昆虫、辅助取食、

图 2-3　胡蜂蛹
（董大志等，1989）

修筑蜂巢。雌、雄蜂主要差别为：雄蜂腹节和触角均较雌性多 1 节，很多种的触角端部节常弯成钩状；雄蜂腹部末端有一雄性外生殖器，外生殖器基部为 1 对粗壮的生殖突基节，端部为较细而突出的生殖刺突，有握抱作用；雌蜂腹部末端有能伸缩的螫针，可排出毒液，故仅雌蜂螫人。从蛹期发育为成虫大约为 10 天，出茧 3 天后即会自动外出觅食。和蜜蜂一样，胡蜂也拥有螫针。螫针是由蜂类的产卵管特化而来，只有雌蜂才有，雄蜂没有。蜜蜂工蜂的螫针上有倒刺，一端连着内脏，螫刺后会连内脏被扯出而死。胡蜂的螫针可连续螫刺，不危及生命。

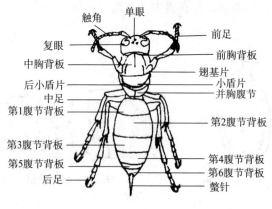

图 2-4　胡蜂背面观

（董大志等，1989）

完成一个世代的时间需要 40～44 天，温度和营养不同时会相差 1～3 天。一般情况下，4～5 月天冷需要时间较长，6 月后则较短。

二、发生世代

一般我国南方气候比北方暖和，胡蜂发生早于北方，蜂群增殖的速度也快，发生期也比北方长一些。

气候条件、越冬成活率及营巢产卵期的差异，可直接影响繁育代数。在不同地区，不同种类的胡蜂一般 1 年发生 1～3 代（在南方，由于气温适宜，凹纹胡蜂 1 年可繁育 4～6 代）。在南方如果气温适宜，胡蜂从卵到成虫大约需要 25 天，但是，适宜的气温、湿度和食物的多少、质量等都会影响胡蜂的生长速度。如果气温在 20～25℃，相对湿度为 60%～70%，同时又有着充足的食物来源，胡蜂的生长过程会提前 3～5 天完成。反之则推迟 5～10 天。

胡蜂第一代成虫 6 月中旬羽化，第二代一般 6 月中旬至 7 月上旬发生，第三代 7 月中旬至 8 月上中旬羽化，10 月下旬交配，开始越冬。雄蜂多在第三代出现，交配后死亡，寿命较短。

三、生存环境

胡蜂类生存能力较强，从海拔 300～3 000 米的地方，只要有树林，都可能有它们。在一定的区域内，高密度、多样性植被的区域内胡蜂的种类和数量会相对多一些，反之则会减少，因为高度的多样性会给胡蜂带来充足的食物。

胡蜂在云南从海拔 700～3 900 米都有分布。胡蜂在自然界主要生活于村寨农田、山地、河沟、森林、果园等场所。因这类场所食源、气候等均适于胡蜂生长繁殖。如果有大的食物源如果树、露天垃圾场等，在附近就可发现胡蜂巢。市场的肉摊、水果摊上，经常可以看到来回采食的胡蜂或黄蜂。

四、社会分工

胡蜂为社会性昆虫，群居生活，一群胡蜂是一个完整的统一体，其分工明确，每群均由蜂王、工蜂和季节性雄蜂组成，共同生活，互相依存。

胡蜂种群是在蜂王创设的基础上，统治着逐渐羽化的工蜂经营并壮大的。蜂巢里的成虫分为3个等级：蜂王、工蜂和雄蜂。胡蜂社会分工较严格。

通常，蜂王为前一年秋后受精卵发育并与雄蜂交配受精后越冬而来的雌蜂，也叫女王蜂、蜂后、后蜂（包括创设女王蜂和秋季孵出的新女王蜂）。个体最大（墨胸胡蜂、茅胡蜂、寿胡蜂的蜂王和工蜂的大小和颜色基本一样），触角12节，腹部6节，末端有螫针，寿命可长达10个月。蜂王专管产卵和指挥整个家族。在产卵的季节体形也与工蜂一样。越冬后的雌蜂单独营巢，建成有十多个巢房的小巢和饲育十多只幼虫。此时的雌蜂不但产卵，还须捕食、饲幼、筑巢，直至第一代工蜂羽化后才专门产卵成为蜂王，由单独一只雌蜂营造的蜂巢称为独雌小巢，区别于有众多工蜂营造的大巢。

工蜂即职蜂，雌性，但不会产卵，形态类似蜂王但一般较小，颜色也略有差异，寿命一般约45天。一个蜂巢中的工蜂从每年第一代羽化后出现，数量不断增加，直至越冬离巢时死亡。工蜂中有分工，分别担任筑巢、取运材料、取食、育虫、材料加工、搬运泥土、清洁、守卫等任务。筑巢工蜂夜间也全部不停地扩建巢层，只是不出外搬运材料，而是将内层拆下搬到外面建筑套层。巢穴大部分都是在夜间营建。

雄蜂由未受精卵发育而来，雄蜂仅在繁殖季节（一般为秋季）于蜂巢中出现并逐渐增多，寿命1个多月，雄蜂体较细长，触角13节，腹部7节。末端是交配器，没有螫针不蜇人。雄蜂专管交配，与新蜂王交配后不久逐渐死去。一只雄蜂1天可与3～5只雌蜂交配，一生约与百只雌蜂交配，而雌蜂一生一般只交配一次，交配后，精子储存在雌蜂的储精囊中（精子存活时间可达 300 天），分次使用。

五、越冬

在热带和亚热带，胡蜂不需要越冬，任何时期都可建新巢（如中国南部狭腹胡蜂无越冬现象，一年四季均可产卵）。但在温带，所有胡蜂类都需要越冬。在云南地区，胡蜂越冬时间的长短取决于生境海拔高度，海拔越高，越冬的时间就越长，海拔越低越冬的时间就越短。越冬时间最长的从每年的 11 月初至翌年 3 月下旬，为 140 天左右（海拔 2 100 米以上），越冬时间最短的从 12 月中旬至翌年 2 月中旬，仅为 60 天左右（海拔 1 000 米以下）。野生胡蜂越冬后的存活率极低，为 0.03%～0.05%，而且只有受精后的雌性胡蜂（蜂王）才能活下来，活下来的每一只蜂就是当年每一巢蜂的母亲。

到了秋末冬初，气温低至 8～10℃时，胡蜂开始越冬，离开巢穴散群，各自寻觅向阳、背风地方的隐蔽越冬场所，如树洞、屋角、岩缝、洞穴等。离巢的新蜂王在野外交配后不再取食储存能量，而是马上寻找越冬地点越冬。越冬地点一般离巢不远以节约能量，一般离蜂巢数十米到 1 千米。

胡蜂的越冬场所一般在腐烂的树桩或堆放在地上的朽木中、草垛下或土壤中，如金环胡蜂、黄边胡蜂在草垛或土壤中越冬，近胡蜂在朽木中越冬。越冬的场所多选择在温度和湿度变化较小的北向阴暗、潮湿的森林中。蜂王自己挖掘椭圆形的越冬木屑室或土室，室口被木屑或土封住。

有些种类的马蜂和胡蜂以小蜂团抱团（如凹纹胡蜂、黑尾胡蜂及马蜂亚科），不吃不动一起越冬；有些种类胡蜂则通常一只胡蜂造一只越冬小室，在小室内越冬冬眠；但也有一些种类的胡蜂几只挤在一室中越冬，但不同胡蜂个体保持一定距离，不会像马蜂一样抱团（如近胡蜂、三齿胡蜂等）。而雄蜂在交尾后还可能存活几天到十几天，但不能越冬而陆续死亡。

翌年春季，气温上升至17℃左右时，越冬成功的胡蜂开始寻址建巢。成功越冬后的胡蜂体内存储的能量大量消耗，比越冬前减重30%～53%，所以越冬女王蜂出蛰后需要大量吸食树汁补充营养，恢复体力。

独立建巢的雌性胡蜂成了新的蜂王。此后，蜂王主要以产卵为主要工作，工蜂承担蜂巢的正常运作和蜂巢扩建。秋后雄蜂出现后，与雌蜂交配，雌蜂抱团越冬，开始新的生长周期。

六、视力

胡蜂复眼由5 000个以上单眼组成，视力很好，对移动的目标，胡蜂的视觉反应距离和灵敏度会成倍增长。因此，在蜂巢周围，静止不动比跑动要安全得多。蜂巢挂在离地10米以上大树上的黑绒胡蜂视野很广，人走近树下约10米的距离，就可能被警戒蜂发现。

七、建巢

蜂巢在胡蜂的生活中很重要。蜂群的一切行为都与蜂巢的修建、扩充与利用相关，蜂巢是卵和幼虫存在的唯一场所。胡蜂种类不同，筑巢时间、地点，巢的形状，巢室数目也不同（图2-5）。

图2-5　树洞里的胡蜂巢

1. 筑巢时间　福州的墨胸胡蜂、福建西北山区的金环胡蜂在3月出蛰营巢；河南南部的亚非马蜂、河北保定的陆马蜂、福建东北部沿海的斯马蜂和东部的约马蜂于4月开始选址筑巢；而福建东北部的黑盾胡蜂和云南的凹纹胡蜂、黑尾胡蜂在5月才开始出蛰寻址。

2. 筑巢地点　胡蜂大多选择避风雨、遮光的背风向阳山坡的灌丛、次生林和隐蔽的土洞中营巢，如凹纹胡蜂、金环胡蜂在土洞内筑巢；约马蜂、小金箍胡蜂、斯马蜂在低矮灌木上筑巢

（在森林遭到破坏的地区，树上营巢的凹纹胡蜂会迁到建筑物上筑巢）；狭腹胡蜂在马路、河沟边缘的土坎、岩床下及茅草房和竹楼下筑巢；陆马蜂、亚非马蜂在屋檐下筑巢；黑盾胡蜂在人类居住的场所内筑巢。黑尾胡蜂每年营巢一次，终生在土里营巢生活，直到越冬蜂王出现为止。

胡蜂在温度18℃以下和35℃以上时活动减少，23～30℃是胡蜂生存繁殖的最适宜温度。因此，胡蜂都会选择温度湿度适宜的场所营巢，一些胡蜂在1年内营巢2次，第1次营巢大约在春季，寻觅避风向阳的灌木丛或屋檐下，营造简易的单脾巢房。在天气炎热的7～8月，胡蜂一般在阴凉隐蔽的树上、树洞、山洞或土洞内第2次营巢。

3. 建巢过程 筑巢时，雌蜂饮水后用上颚从树干上咬下树皮咀嚼成碎片，与唾液混合成泥状纸浆于基底物上筑巢，然后将纸浆拉成需要建筑的形状。胡蜂建巢过程可分为筑巢柄和巢室两步，出蛰母蜂选好筑巢地点后，便开始筑巢柄，巢柄长度因种类不同而有差异，如陆马蜂、斯马蜂巢柄长度为5毫米，约马蜂为20毫米，黑盾胡蜂为25毫米。建好巢柄后，胡蜂在巢柄的先端建造室口向下的巢室，最初巢室仅3个，品字形排列，随后在2室之间的外侧依次加建新的巢室。

随着巢房增加，形成口朝下的巢脾，工蜂在第一块巢脾下营造第二块巢脾，通过巢柄连于第二块巢脾下并依次建造第三、第四及更多块蜂脾。

4. 巢壁扩大形式 ①胡蜂在巢壁外加筑局部的新壁，咬去内层巢壁，多发生在巢脾扩大较缓慢部位；②胡蜂直接咬去大面积的巢壁，重筑新壁。所以，大多数胡蜂巢穴的形状无论大小，看起来都是在不断增大的圆形。巢础均为圆形多层，由若干个平行六边形组成。

5. 蜂巢 蜂巢分为内外两部分，即外壳和包在壳内的、由一个个巢室组成的一层层的巢脾。胡蜂巢外有一外壳，由3～5层不规则的铠甲片状连接构成，可保持巢内稳定的温度和湿度，并遮挡日晒和雨淋。层与层之间有 2~4 厘米的间距，这样的外壳结构既可使巢内保暖，又可以防止巢内温度过高（图 2-6）。

图 2-6　失去外壳的胡蜂蜂巢

　　6. 巢室材料与形状　胡蜂的巢为纸质，建巢材料都是以树木的外栓皮、朽木、枯叶经过胡蜂反复咬碎，混以唾液黏合而筑成，与蜜蜂的蜂蜡不同。各种胡蜂因海拔、气候环境和筑巢材料不同，蜂巢形状亦不同；即使材料相同，由于胡蜂种类不同，巢室大小、深度、室壁厚度等也有差别。因此，胡蜂巢对胡蜂分类鉴定有一定的参考价值。金环胡蜂蜂巢有球形或扁球形的外壳，巢呈圆盘状，以杉树等植物纤维和栎树树胶做巢，蜂巢直径可达50 厘米以上；陆马蜂蜂巢呈钹状结构，少数也有盘状、半钹状和不规则形状，巢室一般为 120~230 个；小金箍胡蜂巢呈圆锥形，巢室数可达 1 923 个；黑盾胡蜂的巢呈球形结构，巢室一般为 30~40 个。中国南部狭腹胡蜂巢柄材料与筑巢地点有关，野外环境巢柄材料为细树根和其他草本植物枝叶，而住宅环境巢柄材料是麦草秆、竹篾丝及其他悬挂物。巢室材料只有狭腹胡蜂是泥土，其他均为植物纤维。

　　不同胡蜂种类的蜂巢在形态和结构上比较相似，小金箍胡蜂、黄腰胡蜂、金环胡蜂、黑盾胡蜂与平唇原胡蜂等种类的蜂巢有很多相似的地方，如蜂巢形状、材质、外壁上的花纹和巢脾结构等。墨胸胡蜂、金环胡蜂和基胡蜂的蜂巢结构很相似，巢壁均为复壁，由数层很薄的单壁构成，单壁呈凹凸的月牙状，各层单壁之间中空，因而巢壁各部位的厚度不同。各层巢脾巢房口均向下为六边形；一般蜂脾边缘的几层巢房深度较浅，颜色也较淡；巢脾中心巢房逐渐加深，巢房颜色底部深而上部淡；巢房的封盖为白色或蜡白色，呈扁弧形。各巢脾之间由数条巢柄连接，3 种巢脾的巢柄长度均约为 1 厘米，巢脾中央的巢柄较粗，边缘的较细。新巢室底部干净，旧巢室有以前孵化留下的黑色粪便硬块和褪下的皮。除新筑巢脾外，各巢脾从脾心至边缘的巢房中，蛹、幼虫、卵的分布大致集中于以脾心为圆心具有一定宽度的环形区域内。

巢脾没有花纹。在巢脾数增加的同时，工蜂在巢壁外加筑局部的新壁，并从内部咬去老壁增大巢直径，因此大巢壁由多层构成。大蜂巢外壁有保温、保湿、防雨功能；外观如虎皮是警戒色，这是因为工蜂取用不同的巢材所致。

蜂群按大小可分为 3 种：小型蜂巢，每巢含蜂脾 3～4 层最多 1 000 个蜂室，有金箍胡蜂、三齿胡蜂、茅胡蜂等；中等蜂巢，3～12 层巢脾 2 000～4 000 个巢室，有黄腰胡蜂、黄边胡蜂、近胡蜂、变胡蜂、双色胡蜂、寿胡蜂及笛胡蜂；大型蜂巢，6～12 层蜂脾，4 000～10 000 个蜂室，有金环胡蜂、墨胸胡蜂、黑绒胡蜂等。

筑巢开始阶段由越冬雌蜂承担，待第一批幼虫羽化为成虫后，它们便接替雌蜂承担全部社会工作，而雌蜂则专管产卵。

7. 巢内温度　在蜂巢中，影响胡蜂卵、幼虫、蛹及成虫的生长发育和活动的一个重要因素是温度。尤其是化蛹对温度要求严格，不然蜂就会畸形。所有的胡蜂巢内部温度会持续保持在 28～32℃，一般夜间温度略微偏低一些。

八、产卵

各种胡蜂一般在 3 月下旬，越冬的蜂王复苏，经过一段时间活动和补充营养后，开始营巢。巢室高度大于卵长度后，胡蜂开始产卵。多数胡蜂将卵直接产入巢室，产卵时，先将腹部伸入巢室，腹端部贴近巢室基部侧壁，慢慢产出有柄的卵，柄附着于侧壁基部。但密侧狭腹胡蜂的产卵行为分检查巢室、分泌腺体物质、产卵、分泌腺体物质4步，野生柞蚕马蜂产卵也如此。卵孵化出幼虫。

九、幼虫

雌蜂（蜂王）把卵产入蜂室内，48小时后自然发育可看到头、口形成，开始蠕动，此时成年蜂开始饲喂汁类食物。初孵幼虫灰黑色，幼虫以尾部丝质带固着倒挂于巢房向心侧壁。1、2龄幼虫小而体色深，3、4龄较大而色浅，口部已与巢室口持平。蜕皮时由前胸背板处纵裂，老皮蜕下时将本龄期排泄物集中随老皮蜕下，末龄幼虫随蜕皮脱去丝质带，体乳白色，充满整个巢室，靠足状皱襞附着于巢室内。化蛹时，幼虫在室口吐丝交织成外凸的半圆形白膜并在内化蛹，膜透气。蛹为离蛹，老熟后颜色加深，羽化时咬破封盖钻出巢房。

幼虫由工蜂饲喂。幼虫位于巢房中不能爬动，但可以求哺。幼虫饥饿时，工蜂捕食归巢后，幼虫会叩头求哺，叩头时抬头用口器叩向巢房壁连续发出"噼、啪"二声响，第一声为叩向背侧壁之声，第二声较响，是叩向腹侧壁之声。幼虫在断哺下能活7天，叩头声渐弱，8天后死亡。幼虫叩头的行为是工蜂归巢飞行声和在蜂巢爬行时的振动所引发的。雌蜂离巢时，人工发出声音或用手触动巢壁均能引起幼虫叩头。但当巢内温度低于20℃时，幼虫停止一切活动。幼虫还可以反哺，工蜂将肉糜直接喂入幼虫口中，幼虫接受食物后口中吐出透明液体给成虫饮用，这是一种反哺。成蜂和幼虫互惠互利，这种行为也可能是由幼虫负责消化食物然后分泌出一种白色液体供成蜂取食。第一代子蜂未羽化出巢前，饲幼行为由越冬雌蜂进行。幼虫从开始进食发育到蛹期大约15天，前7天以汁类为主，8~15天以固体（昆虫）食物为主。

十、日活动规律

胡蜂在一天之中的活动规律受温度、光线的强度、湿度和风力的变化等多种因素的综合影响。

胡蜂活动与外界温度和光线密切相关。当外界温度低于10℃时，胡蜂不再离巢。胡蜂一般在气温 12～13℃ 开始活动，在 16～18℃ 时才开始繁殖、筑巢，秋季气温下降至 6～10℃ 时开始准备越冬。

依据气温变化，春季以 10：00～16：00 最活跃；夏季以上午和傍晚活动为主；夏季中午炎热，不活跃或暂停活动。最适宜外出的温度在 25℃ 左右，温度高于 37℃ 则活动减少乃至停止活动，所以大多数胡蜂一天内有 2 个活动高峰期。清早很早开始活动，到 11：30 为活动高峰，下午还有一个回巢活动高峰，之后活动急剧降低。夜晚（21：00～22：30），即使外界温度在 20℃，胡蜂也不再飞出蜂巢。但是即便在夜间，轻轻扰动蜂巢，很多工蜂都会涌出巢外。因此，在养殖胡蜂时必须注意安全。

墨胸胡蜂、金环胡蜂和基胡蜂多在晴天活动，阴天和雨天活动较少，在陕西南部地区每天有两个高峰期，活动开始于 5：00，于 7：00～9：00 达到第一个高峰，18：00 达第二个活动高峰期（图 2-7）。

不同种胡蜂日活动时数存在差别，如亚非马蜂在 9：00～16：00 活动，约马蜂在 5：00～19：30 活动，狭腹胡蜂在 12：00～17：00 活动，而斯马蜂则在 6：20～18：30 活动。

胡蜂有喜光性和向上性，阳光充足时最为活跃，光线的强度是决定胡蜂活动的一个主要因素。农历八月十五前后，月光明亮，胡蜂可能凌晨 3：00 就开始出巢活动，月光明亮时，即使很晚，外出胡蜂也能看见回巢的路。秋季胡蜂多在蜂巢周围半径500 米内活动，晚间归巢休息。但是也有昼伏夜出的夜出型胡蜂，如褐胡蜂和平唇原胡蜂，白天休息，夜晚出去活动。夜间若灯光离巢较近，也常有群蜂扑灯现象。商业用的诱虫灯尤其是紫

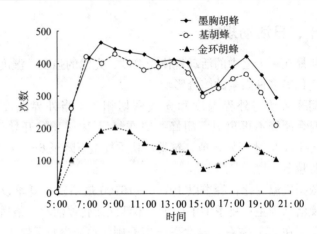

图 2-7　3 种胡蜂的日进巢次数

(李艳杰等，2009)

外灯对胡蜂有很强的引诱作用。

　　胡蜂活动与日照和湿度关系密切。春、秋季气温低，在巢上蜂喜向日活动；夏季气温高，在巢上背日活动。相对湿度在50％～75％适合胡蜂活动，湿度在 60％～70％最适胡蜂活动，湿度超过 80％以上，胡蜂活动减少，下雨或阴天胡蜂停止活动不出蜂巢，但一般胡蜂在空气潮湿的情况下，会继续外出。凹纹胡蜂和黑尾胡蜂在阴天和雨天只要温度适宜同样活动。但外界狂风暴雨时，胡蜂不会外出。

　　胡蜂每日活动与风力也有一定关系，无风晴天是最适宜的活动天气。胡蜂一般在风力 3 级以上时停止活动，但斯马蜂和柞蚕马蜂在风力达 4 级以上仍然活动。

　　胡蜂一般在 1～2 千米范围内活动采食，多数胡蜂在 1 千米范围内采食。体型大的蜂巢的胡蜂采食半径也大。

十一、食性

　　胡蜂为杂食性昆虫，它的食物结构由四类组成，即昆虫类、含糖树脂类、浆果类和花蜜类。胡蜂以肉食性为主。胡蜂作为捕食性昆虫，捕食的昆虫种类比较复杂，主要捕捉各种昆虫的幼虫，尤其喜欢捕食活体幼虫，很少取食成虫和昆虫尸体，在食物短缺时才捕食个体较大的成虫，如蚱蝉等。胡蜂多捕食3龄以上的大虫，基本不捕食棉蚜、卵粒和小虫。以下几种情况的昆虫胡蜂不会捕食：①有毒类或具有特殊气味的；②身体重量数倍于胡蜂本身而且具有比较坚硬甲壳的；③生长发育期的毛虫，但是在交配产卵期（飞蛾期）仍然是胡蜂喜欢捕食的对象。

胡蜂体型大而凶猛，猎捕的对象很广。胡蜂食谱范围广泛，主要以鳞翅目、膜翅目、双翅目、直翅目、半翅目和蜻蜓目幼虫和蛹为主，最多为蝇类、虻类，其他有蟓类、甲虫、蝉、蝗虫、蟋蟀、蜜蜂、蛾类，还包括捕食性的螳螂、蜻蜓、蜘蛛等，不捕食金龟子（金环胡蜂除外）、天牛、椿象、蜚蠊。如果连续几天阴天或下雨，胡蜂食物短缺时会取食本巢死幼虫或同种其他巢幼虫和卵。胡蜂还取食鸟兽等动物的尸体，在农村露天市场的肉案上，常见胡蜂嚼食（图2-8）。黄边胡蜂可以捕食体型大于自己的蝉。与其他胡蜂即采即食不同，斯马蜂还会贮藏食物。

图2-8　黑盾胡蜂在吃肉案上的碎肉

当胡蜂发现会飞的昆虫猎物时，即跟踪飞行，接近到10厘米时，突然张口咬住食物，飞到其他地方如树枝上再进一步处理。胡蜂捕食不会飞的幼虫时，用足抱牢，用上颚咬食，嚼成肉团后携回巢中。胡蜂捕食个体较大的昆虫时，一般先咬住猎物的头部，再用螫针不断地刺蜇几分钟后使其昏迷，然后慢慢分割分批带回，如先咬掉猎物的翅足，只把肌肉丰富的胸部带回，但金箍胡蜂是吸干马蜂幼虫和蛹的体液后带回巢的。

胡蜂除捕食昆虫外，还可以咬食新鲜瘦肉，尤其爱吃禽类鲜肉。在食物短缺的情况下，会捕食体型明显小于自己、不同种的其他胡蜂种类。

胡蜂还取食含糖树汁。胡蜂越冬后需要吸食大量的树汁来补充营养。能分泌含糖树汁的植物有麻栎、白栎、板栗等，其中以麻栎树分泌最多，而且蛋白质含量最高。另外，部分蔷薇科植物梨树、糖梨也有少量分泌。胡蜂也取食浆果类。胡蜂主要是从熟透、具有虫洞或即将破皮的水果咬开果皮后吸食果汁，常见的有桃、梨、李、葡萄、荔枝和野生糖梨、石头果等。胡蜂还取食花蜜类。常见的有桉树、香蕉、芭蕉、党参、野生白山茶等花蜜。此外，大约有 0.1% 的云南松的松针上面也会分泌糖类，也是胡蜂喜欢采集的食物之一。

十二、护巢和护食

有螫针的工蜂有强烈的护幼和护巢习性。胡蜂和大多数动物一样，一般不主动进攻。通常情况下，胡蜂在野外捕食农林害虫，并不会对人畜造成伤害，即使在农村和居民生活区也不主动攻击人畜，也不是所有的胡蜂种类都具有攻击性。但是，一旦胡蜂受到惊扰或威胁，有意、无意触动蜂巢或被认为有敌意时，所有胡蜂都会对入侵巢穴或接近巢穴的任何人或动物立即发起攻击，尤其是对移动的目标攻击更厉害，因而对人畜造成损伤。有的蜂巢在长期外界因素的干扰下，只要附近有震动、喧哗等都会引起它的攻击。强群的攻击力特别凶狠，弱群则减弱。

胡蜂对白色和一些特殊气味敏感，如酒、香烟、香水、化妆品、糖、蜜等。穿白衣和带这些气味的人接近胡蜂时，胡蜂也会对其攻击。个别胡蜂筑巢在高树上，平时在低空飞行，当受到惊扰时，蜂群从窝巢中出来，顺着树干下来再对入侵者进行攻击。还有的种类如青米蜂，攻击人时一般不在裸露的表皮处螫人，它们会顺着人们的衣袖口、裤管口中进入，直到无法通行处才会螫刺。

护食情况多见于大型胡蜂类，当其正在进食（吸取含糖树脂、花蜜或在切割猎物时）期间突然受到干扰时也会向干扰者发起攻击。所以，养殖胡蜂当需要观察、接近和喂养时，应该缓慢靠近，以免胡蜂误会而向人发起攻击。

不同的胡蜂对人畜攻击性不同，攻击范围和距离也不同，从而造成其危害程度也不同。当人与蜂巢距离为5米时，胡蜂产生攻击行为是最危险的胡蜂，如黑绒胡蜂（基胡蜂），只要距离它的蜂巢5米就被视作入侵，攻击性最强。2～5米有攻击行为，属于很危险的胡蜂，如金环胡蜂、凹纹胡蜂。0.3～2米有攻击行为，属于危险的胡蜂，如黄腰胡蜂、拟大胡蜂。0.3米以内有攻击行为，属于一般危险胡蜂，如黑尾胡蜂会攻击30厘米内的其他生物。必须触及蜂巢才有攻击行为的，属于有危险"温驯"的胡蜂，如威氏胡蜂，只有触及蜂巢才会有攻击反应（表2-1）。

表2-1 一些胡蜂的攻击距离（仅供参考）

学 名	（俗名）	胡蜂的攻击范围（人与蜂巢距离）	
		人离蜂巢开始攻击距离	危险程度
基胡蜂	（黑绒虎头蜂）	5米以上	最危险
金环胡蜂	（中华大虎头蜂）	2～5米	非常危险
凹纹胡蜂	（黄跗虎头蜂）	2～5米	非常危险
黄腰胡蜂	（黄腰虎头蜂）	0.3～2米	很危险
拟大胡蜂	（拟大虎头蜂）	0.3～2米	很危险
黑尾胡蜂	（姬虎头蜂）	0～0.3米	一般危险
威氏胡蜂		0米	有危险

十三、取水

金环胡蜂、墨胸胡蜂和基胡蜂一般在各自巢穴附近的水源处浅水区取水，取水时先在水源上空飞行约1分钟后收翅，缓慢下落至石头、木块上或直接落至浅水处取水，取水时身体不动，每次取水时间大约30秒。

在陕西南部地区，3种胡蜂1天中的取水次数随时间的延伸逐渐增加，至14:00时取水次数达到高峰（图2-9）。

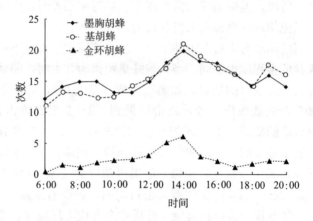

图 2-9　陕西南部地区 3 种胡蜂日取水次数

(李艳杰等，2009)

十四、交配

大多数胡蜂1年1代。秋后气温下降，蜂群中出现雄蜂和雌蜂。雄蜂常活动于多个蜂巢，雌性多作翘尾状，不断爬行，而雄蜂通过扇动翅膀抬高身体，爬到雌蜂身体上，开始交配，每次交配2～8分钟，一般发生在白天9:00～16:00。1只雌蜂可与多只雄蜂交配，而1只雄蜂也可与多只雌蜂交配。经多次交尾后，雌蜂将精子存入贮精囊内。

十五、胡蜂种群数量变化

胡蜂巢总数计算方法：把一巢蜂用烟熏晕，称出成虫总重量和单个重量，算出蜂总数，将巢内的蜂蛹数与成虫数相加，即为该巢的"总胡蜂数"。胡蜂从幼虫到成虫期仅排一次粪便并永久存留于巢础底部，粪便的颗粒数即该巢胡蜂出生总数。经反复计算发现出生数常常为蜂总数30％～40％，说明胡蜂在繁殖中有一定的比例在不断死亡。从胡蜂结束冬眠 3 周后开始筑巢产卵，第一粒卵约在 25 天发育为成虫，以后每天都产下一些卵并有一些成虫发育成熟，繁殖数量快速增加。例如，每巢胡蜂第一代（一只蜂王）繁殖 2~5 只，第二代为 4~25 只，第三代为 12~125 只、第四代为 40~600 只……不到 10 个月，胡蜂可以由 1 只繁殖成为 400~10 000 只。胡蜂的繁殖速度受地理环境、温度、湿度以及食物来源等各方面因素影响。

胡蜂一年内的种群数量变化与温度和季节的变化有密切关系。第 1 代蜂数量仅 20~200 只，随季节的变化和温度上升，第 2、3 代数量增加很快（在云南昆明，凹纹胡蜂和黑尾胡蜂 10 月最多时可达 2 000~3 000 只），10 月以后逐渐下降，第 3 代越冬雌蜂出现时又突然下降，一直持续到翌年 1 月止。

在一个地区、一定条件下，蜂巢数量多少并不因能建巢蜂王数量多少决定。即使可建巢蜂王数量增加，蜂巢的密度和数量也是基本稳定的，这是一种生态平衡。

十六、寿命

胡蜂寿命的长短取决于生存环境的优劣。在正常情况下，除蜂王以外，寿命最长的可达 120 天，最短的仅为 45 天。越冬之后只有蜂王才有可能存活下来。凹纹胡蜂和黑尾胡蜂两种胡蜂交配后的雌蜂寿命平均在一年以上，工蜂寿命 16~142 天，平均为 93.8 天；雄蜂寿命 4~60 天，平均为 41.5 天，不给食则为 2~9 天，平均为 4.14 天。

第三节　常见种类及特性

一、凹纹胡蜂（黄脚胡蜂）

凹纹胡蜂是黄脚胡蜂（足跗节为亮黄色）的不同颜色亚种，俗称葫芦蜂、葫芦包、白脚蜂、吊包蜂、花脚蜂等，我国主要分布于云南、四川和西藏等西南地区，种群数量大，为常见种类。

凹纹胡蜂在西南地区分布广，是主要的市场销售种类。成虫体型中等，中胸背板黑，中央具一呈"凹"字形的浅斑，腹部第 6 节背、腹板均呈黄色。

地理气候条件或越冬成活率及营巢产卵期的差异，可直接影响凹纹胡蜂繁育代数。在温度合适的南方，1 年可繁育 4～6 代。凹纹胡蜂在云南昆明室内温度 14～25℃，相对湿度 43%～89% 条件下完成一代发育所需时间 33～53 天，平均为 45.53 天。全年可发生三代。第一代成虫 6 月下旬羽化，第二代 8 月下旬至 9 月上旬羽化，第三代 10 月下旬至 11 月上旬羽化。各世代虫态发育历期长短因气温、食物、季节而异。气温高发育快，气温低发育慢；春秋两季均在 40 天以上，夏季平均为 39.3 天，最短 33 天，最长 49 天。

凹纹胡蜂对气温敏感。发育起点温度为 10.9℃，最适温度在 15～25℃，相对湿度为 55%～75%。8～10℃时活动减慢，5～7℃时蜂群抱团越冬，阴天和雨天在气温适合时也同样活动。

蜂王卵巢小管数只有 12～16 条。蜂王于上一年秋季受精后潜伏越冬，到第 2 年春季天气变暖时飞出，各自寻找筑巢场所，巢穴多建在树洞、小土洞内，蜂王边筑巢边产卵。蜂巢形状为球形，大小如鸡蛋，单脾。蜂巢一般为 1～2 层，巢门在底部，第 1 代卵出房后，蜂王随即产下第 2 代卵，此后蜂数逐渐增多。

工蜂是发育不完全的雌蜂，卵巢数都在 10～12 条，一般情况不会产卵，在长期失去蜂王情况下，工蜂也会产未受精卵。雄蜂在有处女王出现的季节时出现，与同巢或异巢的处女王交尾，交尾后死亡。

凹纹胡蜂工蜂虽然攻击力强，但一般不会主动袭击人和其他动物。在蜂巢被触动或被认为有敌意时，才会攻击。但是蜂巢在长期外界因素干扰下，只要附近有震动、喧哗等都可能会攻击。

凹纹胡蜂每天清晨 6:00 开始活动，上午 8:00～12:00，下午 16:00～20:00 活动最盛，晚上 9:00 前后归巢，阴天和雨天只要温度适宜同样出勤，如果连续的阴雨，会影响筑巢速度和觅食,而出现拖子现象。

凹纹胡蜂具有趋光性,阳光充足时最为活跃,夜间若灯光离巢较近,也常有工蜂扑灯现象。

凹纹胡蜂的飞行距离是随群势增强而增加,取食半径为0.5~3千米。凹纹胡蜂取食黏虫、蝗虫、蚱蜢、螟蛾幼虫、蜻蜓、菜青虫、地老虎幼虫、蟋蟀、蜜蜂、家蝇、蜘蛛、猪肝、牛肉、青蛙,不吃白眉灯蛾幼虫、松叶蜂幼虫、金龟子、萤蠊、天牛、蚜虫、椿象、胡蜂幼虫。云南的凹纹胡蜂还吸食党参的花蜜。

凹纹胡蜂一般选在背风向阳、安全、有水源和食源的场所营巢。在自然界,凹纹胡蜂每年有再次筑巢习性,第一次于开春后不久由单个越冬蜂王在隐蔽、巢前无障碍的灌丛、次生林、土洞、树洞、墙缝、石崖、建筑物或其他场所筑一个暂时巢,繁殖第一批工蜂后代,之后工蜂逐渐增多,开始成群迁移到其他的树上或建筑物上由后代工蜂筑永久巢,直到秋季越冬雌蜂出现为止。其迁移时间、工蜂数量受巢的空间、干湿度和季节影响,巢空间小、潮湿,其迁移时间早,工蜂数量也少。蜂王在两处来回产卵,永久巢迁移时间迟的,由于蜂群数量多,筑巢较快。8、9月,凹纹胡蜂群势达到高峰期。10月以后群势下降,随着雄蜂的增多,开始出现越冬蜂王。秋季温暖的上午在离巢100米的树梢上,开始有大量的雄蜂环飞。这时若有处女王落在树叶或树枝上,瞬间会有大量雄蜂在蜂王周围飞舞,但能与之交配的是先到的雄蜂,雄蜂迅速抓住处女王的腹背部,进行静止交配。交配过程持续3~25分钟,处女王返回巢中。16:00以后交配结束。蜂王交配后陆续飞离老巢穴寻找隐蔽越冬场所,潜伏于朽木、草堆、干燥的土石缝里越冬,第二年再开始新的循环。

工蜂一般在秋末气温降至7℃以后死亡。蜂巢呈球形或椭球形,复脾单面,6~15脾不等。凹纹胡蜂较大种群工蜂数量约5 000只,最大种群蜂蛹量约10千克,蜂巢最大直径可达2米。

二、金环胡蜂（斑胡蜂）

金环胡蜂又称中华大虎头蜂、桃胡蜂、人头蜂、虎头蜂、金黄虎头蜂、地王蜂、地龙蜂、红头蜂、大土蜂、台湾大虎头蜂、黑穴胡蜂、黑腰蜂、牛角蜂、黄土蜂、小独顶、草坝蜂等。这种蜂是世界上最大的胡蜂科种类，常常被人们叫做大黄蜂或大马蜂。主要栖息于亚洲东部和南部的温带和亚热带地区，西方叫它亚洲巨蜂。同一般胡蜂类相比，其体型要大很多，身体上布满了黑黄相间、与老虎类似的警戒色条纹。

金环胡蜂是危险性极大的胡蜂。人们在野外行走，不仅身上的香味会招来金环胡蜂，就连颜色鲜艳的外套、帽子也会引起金环胡蜂的警戒，视这种气味、颜色为威胁会群起而攻击，蜇一下并不致命，但如果被群蜂蜇了则可能被蜇死。

金环胡蜂分布于河南、辽宁、湖北、湖南、陕西、上海、江苏、浙江、四川、云南、广东、广西、江西、福建、贵州、西藏等地。主要分布于中海拔 1 000～2 000 米的丘陵、山区，在低海拔、高海拔地区零星分布。

金环胡蜂体型大，长 20～50 毫米，个体粗壮，性情凶猛。雌蜂体长约 5.0 厘米，头部橘黄色、胸部黑褐色；腹部第 1～2 节背板两端橙色，中间黑褐色；第 3～5 节背板黑褐色，端缘橙色带明显；第 6 节橙黄色。雄蜂 3.9 厘米，体型略小，除体表体毛棕色较密，常有棕色斑外，其余部分近似雌蜂。工蜂体长 4.0 厘米（图 2-10）。

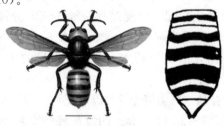

图 2-10 金环胡蜂及其腹部

金环胡蜂主要活动于茂密的森林、低矮的灌丛、草丛以及养蜂场、居民房屋附近等地。

金环胡蜂为杂食性，喜肉食，捕食鞘翅目成虫（如金龟子），常取食小型胡蜂、蜜蜂、毛毛虫、新鲜鱼肉、蛙类等，也取食幼嫩植物组织、花蜜、水果。人工喂养可以饲喂鼠肉。

金环胡蜂经常咬开树皮后吸食汁液。蜂王越冬后体重降低约38%，在筑巢前需要吸食树汁补充营养，可长达一天之久。金环胡蜂还嚼食各种植物的嫩枝，在居民房屋附近的垃圾堆上搜食。金环胡蜂可以采食花蜜（云南的金环胡蜂还吸食茶花的花蜜），野外常见金环胡蜂和蜜蜂采集同一植物的花蜜。

金环胡蜂成蜂活动半径一般为1~3千米，偶尔也能飞到8千米以外。金环胡蜂主要在晴天活动，当温度为23~30℃，从8:00开始活动逐渐频繁，10:00~16:00是进出巢穴的高峰期，18:00以后基本不出巢穴，在12:00~13:00捕食次数达到最高峰。高峰时捕食次数是低谷时（早晨6:00或晚20:00）的7倍。

金环胡蜂的筑巢位置有地上和地下两种，地上筑巢者选择低矮的灌木丛（如野蔷薇、荆条等）、杂草丛；地下筑巢者喜欢在腐朽的树根周围或在啮齿类动物挖掘的空穴或蛇洞、石缝中建巢；也有一半在地下，一半裸露的情况，有时也可在离地1~2米的树洞中建巢，其巢隐蔽，是人们容易忽视的地方，这是造成袭人事件频繁发生的重要原因之一。金环胡蜂体型大、毒液多、领地意识强，人类常在无意识的情况下受到该昆虫的攻击。

野生的金环胡蜂，一般都在地面下的泥土中筑巢，每年的3~4月，越冬成功的金环胡蜂蜂王在山林中寻找一个适合的土洞。蜂王在土洞中筑第一蜂脾后产第1批卵育成新蜂，由蜂王带出土洞到野外找食物喂养新幼虫并寻找材料筑巢。第2批新蜂先由蜂王带领用上颚在土洞中挖掘泥土，团成小团用口搬运出土洞扩充洞穴，土粒堆到洞穴口外，后在第1批工蜂带领下飞出蜂巢寻找食物，采集杉树皮、栎树树胶等做巢；土洞空间逐渐变大、蜂数逐渐增多，土中的蜂巢也变大。蜂巢球形或扁圆球形，直径30～50厘米，高达57厘米，外壳虎斑纹，厚3～5厘米，由多层木质纤维和泥土的小薄片拼成，可保温。蜂巢有1～3个出口，有3～8层圆盘形的巢脾，蜂脾间距3.7厘米，有数千只成蜂。福建莆田曾发现直径达1.3米的金环胡蜂蜂巢。

三、大胡蜂

大胡蜂是金环胡蜂的不同颜色亚种，但有人认为两者不是同一个种。大胡蜂俗称大黑蜂、云南大黑蜂、大黑土蜂、黑土蜂、黑胡蜂、黑土夹、大土蜂、大土甲、老土甲、老土蜂、花土蜂、土蜂、大土夹、七牛蜂（意思是七只蜂就可蜇死一头牛），一向是胡蜂中体型最大的种类，其中雌蜂体长为48～50毫米，雄蜂体长为39～43毫米，工蜂体长为38～45毫米。有"蜂中之王"之称。

在我国主要分布于云南、四川和西藏等地。在云南的分布广泛，也是云南地区体型最大的胡蜂。大胡蜂有多个类型，差异主要见于头部、背面及尾尖的颜色，如头部棕红色或黄色，背部全橙红色、黑点、黑斑、黑花或杂色（颜色多变，有的甚至被起了新的名称，如三叶胡蜂），腹部末端黄色或白色等，以背部胸部黑色、腹部除了最后一节为黄棕色外其余全呈黑色。

大胡蜂性情凶猛，是云南地区最危险的、攻击性最强且名气最大的蜂类，攻击性随蜂巢的壮大而增强（图2-11）。其毒性在所有胡蜂中都属最强的，在云南有"老水牛耐不了三针，而人则只能耐一针"的说法，被蜇后疼痛难忍，常有被大黑蜂蜇伤而致死的报道。大黑蜂有着极强的领域意识，只要过于接近蜂巢便被视为入侵，因此不要轻易靠近蜂巢以免发生意外。

每年3～5月由单只蜂王独自筑巢于地下，巢质为树叶、泥土和蜂分泌物等。云南曾发现较大种群工蜂数量达20 000只，最大种群蜂蛹量100千克，蜂巢最大直径可达2米。蜂脾数可达十多个，蜂巢质量可达100千克以上。

图 2-11　大黑蜂攻击蜜蜂

四、黑尾胡蜂

黑尾胡蜂别名双金环虎头蜂，因腹部后半段为黑色而得名，主要分布于低、中海拔（500～1 000 米）地区，高海拔地区零星分布（图 2-12）。在我国广泛分布于东北、华北、华南、西南及东南多地，也是都市或市郊最常见的中型胡蜂。黑尾胡蜂可分为两种：懒黑尾，巢最多 3 千克；勤黑尾，胆子大，巢大，可达 20 千克以上。

图 2-12　黑尾胡蜂的腹部

雌蜂体长 2.4～3.8 厘米，雄蜂 2.5～2.9 厘米，工蜂 2.0～2.8 厘米。头橘黄色，雌蜂中胸盾片略隆起，仅前缘中央两侧各有 1 个棕色条斑；腹部第 1～2 节背板棕黄色，显眼易识别；第 3～6 节背、腹板黑色，仅第 3 节腹板端部有 1 条棕色窄带。雄蜂与雌蜂相比，差别在于前者胸部棕色斑较多，各足基节外侧棕色。

每年营巢一次。黑尾胡蜂在云南昆明全年可发生三代。室内温度 14～25℃，相对湿度 43%～89% 条件下完成一代发育所需时间为 33～53 天，平均为 45.53 天。第一代成虫 6 月下旬羽化，第二代 8 月下旬至 9 月上旬羽化，第三代 10 月下旬至 11 月上旬羽化。

各世代虫态发育历期长短因气温、食物、季节而异。黑尾胡蜂对气温极为敏感。气温高发育快，气温低发育慢；春秋两季均在 40 天以上，夏季平均为 39.3 天，最短 33 天，最长 49 天。发育起点温度为 10.9℃，最适温度在 15～25℃间，相对湿度为 55%～75%。8～10℃时活动减慢，5～7℃时蜂群抱团越冬。

黑尾胡蜂每天早晨 7:00 开始活动，晚上 8:00～9:00 时归巢，活动高峰是在中午 12:00 以后。黑尾胡蜂在阴天和雨天，只要温度适宜同样活动。

黑尾胡蜂喜欢攻击马蜂巢。黑尾胡蜂在食物短缺的情况下（如运输途中）会取食同巢死尸。

黑尾胡蜂终生在土里营巢生活。蜂巢由外壁通道层和蜂脾组成。外壁通道层厚 1.6～5.0 厘米，由 3～8 层纸质薄片叠合成扁状菱形孔隙，成蜂可通过孔隙进入各蜂脾。外壁通道层内有蜂脾 4 层以上，各层间距为 1.2～1.6 厘米。各蜂脾的边缘与外壁通道层之间常有小段分离成为上、下层通道。各层间有数根蜂柄连在一起。第 1 巢盘由越冬蜂王所建，其后工蜂数增加，所以巢盘逐层加大。巢室深 23～25 毫米，边长 4.4～53 毫米，下面两层巢盘主要为繁育第 2 年蜂王的场所，蜂王个体大，所以这两盘的巢室也大于上层。蜂巢共有巢室 2 000 多个。

五、黑绒胡蜂

学名基胡蜂，俗称黑绒虎头蜂、黑腹虎头蜂、黑虎头蜂、黑尾仔、毛蜂、鸡笼蜂、杀人蜂、腰勾子、七里蜂等，属膜翅目胡蜂科胡蜂属，蜂群攻击性和毒性都非常强，是所有胡蜂里最危险的胡蜂。基胡蜂为主要攻击人畜的胡蜂种类之一，也是蜇人致死记录最多的胡蜂。

黑绒胡蜂身上绒毛较多，典型的特征是腹部几乎全为黑色，生性凶猛，毒性强，遇到危险会群起攻之，可追击攻击者到很远，这是其俗名七里蜂的由来，也称杀人蜂。

国内分布范围广，高低海拔均有分布，山区分布于海拔1 000～2 000米，见于河南、陕西、湖北、江西、浙江、四川、福建、云南、西藏等地。

该种与茅胡蜂极似，尤其是个体较小的工蜂，但该种唇基有光泽，翅基片前基不完整。体长19～32毫米。雌蜂胸部覆棕色毛；前胸背板棕色，两下角黑色；中胸背板黑色，端部中央有1棕色斑或带；中、后胸侧板黑色，前者上部中央有1个棕色斑。腹部第1节背板黑色或黑褐色；呈黑色三角形。第2～6节背、腹板均为黑色。雄蜂头、胸部棕色毛较密。

四川雅安地区黑绒胡蜂每年5月上旬开始出蛰活动，8～9月为生长旺期，9月下旬开始出现雄蜂，11月交配达到最盛，已交配雌蜂在当月下旬选择晴天逐渐离巢越冬。黑绒胡蜂一天的活动时间为7:00～20:00，取食和取材在12:00～13:00达到高峰期。晴天出勤次数多，雨天少。陕西南部地区黑绒胡蜂也多在晴天活动，活动时间开始于5:00，于7:00～9:00达到第一个高峰，18:00达第二个活动高峰期。黑绒胡蜂主要活动于茂密的森林、低矮的灌丛、草丛以及养蜂场、居民处附近等地。

有5种植物挥发油对黑绒胡蜂具有引诱作用，引诱作用大小依次为：桉树＞桂花＞香蜂草＞茉莉＞百里香；6种植物挥发油对黑绒胡蜂有驱避作用，驱避作用大小依次为：桃树叶＞山鸡椒＞薄荷＞熏衣草＞香茅＞柠檬草。

黑绒胡蜂为杂食性昆虫，主要取食蝗虫、螽斯等昆虫以及部分蔬菜水果，吸食各种蜜源植物的蜜汁。黑绒胡蜂捕捉蜜蜂速度最慢，一般只捕食在地上爬行的蜜蜂，将蜜蜂扑倒后咬住，对蜜蜂业有一定的危害。黑绒胡蜂由于捕食量较小，未见捕食高峰期。

黑绒胡蜂的蜂巢初期常建在较浅的土洞、岩壁或离地面很近的灌木丛或草丛中，6～7月蜂群的群势有一定的规模后可能迁移到位置较高的大树顶端，一般在5米以上，大巢常在离地面

10米以上的高枝或建筑物上，前面场地通常开阔。陕西南部地区黑绒胡蜂常选择于树上、居民房檐下或石壁等处筑巢。在树木上筑巢时，常见的筑巢树种有桉树、枫杨、杨树、麻栎、椿树、刺槐、马尾松等。

　　巢外壁深褐色。蜂巢很大时出口可有2～3个竖长条状出口。10～11月移取蜂巢后的重建率高于7～8月，这可能与存在当年已交配雌蜂有关。黑绒胡蜂的蜂巢已知最大的可达70千克，最多可达15层，巢室可达40 000个，工蜂多达7 000只以上。黑绒胡蜂的群致死力是金环胡蜂的十多倍。

六、其他种类

　　1. 墨胸胡蜂　墨胸胡蜂因胸部黑色而得名，足跗节的黄色也明显，是黄脚胡蜂的不同颜色亚种，也称黄脚虎头蜂、赤尾虎头蜂，分布于我国云南、贵州、西藏、四川、浙江、江西、广东、广西、福建等地，是我国分布最广最常见的胡蜂之一。蜂巢大，攻击性强，是袭人胡蜂中最常见的危险种类之一。

　　墨胸胡蜂的蜂王和工蜂的体色和大小基本一样。体长18～23毫米。雌蜂胸部黑色并覆黑色刚毛；腹部第1～4节背板黑色，第5～6节背板呈暗棕色；第1～3节腹板黑色，第4～6节腹板暗棕色。雄蜂腹部7节（图2-13）。

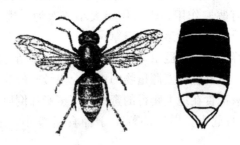

图2-13　墨胸胡蜂雌成虫和腹部

　　墨胸胡蜂于地上营巢。每年春季3～5月，越冬的受精雌蜂出蛰，寻找地方开始建巢、产卵，蜂巢初期常建于接近地面的低矮灌木丛或草丛中等较低的地方，5~6 月，蜂巢增大，到 7 月，蜂巢达排球大小，工蜂数量可达上百只，部分墨胸胡蜂从较低的地方开始移向离地面 10~20 米的树枝建更大的蜂巢，蜂巢可达 5~11 层。8~9 月天气凉后，蜂王产下未受精卵繁育雄蜂，同时，工蜂开始建大巢室培育第二年的新蜂王，新蜂王和雄蜂不断增多，工蜂减少，老蜂王死亡，羽化的新蜂王和雄蜂飞出巢外交配，随后雄蜂死去，新蜂王四散寻找越冬场所越冬入蛰，蜂群解体，空巢挂枝头。

墨胸胡蜂在福州一年发生 4~5 代，3~5 月越冬蜂王开始单独营巢，8~9 月（第 3 代）出现雄蜂，越冬王被交替，巢内开始出现多蜂王产卵繁殖，蜂群壮大。10~12 月（第 3~4 代）蜂群最大，并于巢上方出现多个巢口。翌年 1 月底受精雌蜂开始离巢集结越冬，越冬期 2 个月左右。墨胸胡蜂卵期 5 天，幼虫期 9 天，蛹期 13 天，成虫寿命 3 个月以上。

墨胸胡蜂是杂食性昆虫，喜取食蚊、虻、蝇、蜜蜂等小型昆虫，也咬食苹果、梨、葡萄、猕猴桃及熟透的柿子等水果，采食花蜜、蜜露、含糖的汁液，尤其嗜好腐烂变质的水果。墨胸胡蜂日捕食蜜蜂的数量比较大，一般先在蜂箱门口盘旋，若蜂箱门口蜜蜂数量较少，则迅速俯冲，捕获一只蜜蜂而去，有时也在空中追击捕获蜜蜂。

墨胸胡蜂在 12:00~13:00 捕食次数达到最高峰，捕食高峰时捕食次数是低谷时（早晨 6:00 或晚上 20:00）的 6 倍。

墨胸胡蜂常在茂密的森林、低矮的灌丛、草丛以及养蜜蜂处、房屋附近、果园、水果摊旁、城市垃圾堆积地等地活动取食，并在这类场所附近的林地筑巢。

墨胸胡蜂一般选择在树木、建筑物、废弃窑洞及土崖石壁等地筑巢，以树上居多。树上的巢多在树杈间枝叶茂密处，建筑物上的巢一般在遮阳棚、居民屋檐下、窗台、阳台和楼道顶部等可避风雨处。墨胸胡蜂的蜂巢位置较高，筑巢高度距地面 3~30 米，一般于树上筑巢的蜂巢位置较高（苹果树除外）。大巢常在离地面 10 米以上的树枝或建筑物上，前面场地开阔。在树木上筑巢时，常见的筑巢树种有杨树、麻栎、椿树、刺槐、马尾松、核桃树、苹果树、泡桐等，其中以刺槐树筑巢量最多。

蜂巢形状为梨形，直径 15～40 厘米，最大蜂巢高度和直径达 1.5 米，外表大多有虎皮花纹状。蜂巢表面封闭，外壳由 2～3 层彼此连接合并构成，巢中部和下部有出口，内有多层巢脾，层与层间有高约 20 毫米的供蜂活动和栖息的"蜂路"，层间有数十个数量不等的巢柄。1 个蜂巢有 3 - 10 层蜂脾，上、下层小，中间层大，整个蜂巢内有培育蛹、幼虫和卵的蜂房 3 000～8 000 个。

在陕西咸阳地区每天随着气温的升高，墨胸胡蜂进出巢次数开始增加，一天只有一个活动高峰。14:00 气温最高时，墨胸胡蜂的进出巢次数也达到最大；14:00 后气温降低，墨胸胡蜂进出巢次数也渐减少，到 19:00 以后停止活动。

墨胸胡蜂在陕西南部地区多在晴天活动，阴天和雨天活动较少，一天活动有两个高峰，活动开始于 5:00，于 7:00～9:00 达到第一个高峰，18:00 达第二个高峰期。

2. 黑盾胡蜂　黑盾胡蜂学名为双色胡蜂。颅顶黑色，中胸小盾片，后胸背板完全或大部分黄色。分布在辽宁、河北、河南、山西、陕西、江西、浙江、福建、广东、广西、云南、海南、四川、西藏等地。

黑盾胡蜂体长约 25 毫米，为中型胡蜂。该蜂性情凶猛。越冬雌蜂于 4 月中上旬气温达 15℃ 以上时散团出蛰活动，若遇阴雨低温天气则活动暂停。经数周活动后，出蛰雌蜂于 5 月中旬四处寻觅避风防雨、避免阳光直射的场所筑巢。雌蜂可于 5 月下旬进入人工安置的巢箱后，立即开始筑巢。

雌蜂日外勤晴天达 40 多次，每次外出 6～22 分钟。雌蜂在首批工蜂羽化前 1 个多月建造成含 34 个巢房和 9 个尚未产卵房基的小巢（图 2-14）。黑盾胡蜂巢房口朝下，与马蜂的巢相似。

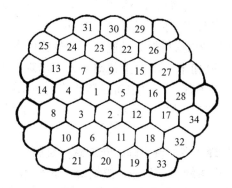

图 2-14　黑盾巢房建造及产卵顺序

(陈勇，童讯，2004)

当巢脾仅有数个巢房时，雌蜂就开始在巢基周围建造巢壁。开始呈碗状，包围巢脾，随着巢脾扩大，巢壁增高，渐呈圆球形，下端有出入口。1 只雌蜂经过 1 个多月，6 月中旬建成直径6～7 厘米的灰白色巢壁的小巢。

工蜂承担扩巢任务，每个新脾均以巢柄与上一巢脾相连，最初巢柄位于巢脾中央，随巢脾增大加建边缘巢柄。两脾相隔 1.5厘米，巢脾数可达 7 个，中脾直径最大，下端边脾小，巢脾呈紧凑球形结构。巢壁外观呈虎纹。

第 1 批工蜂羽化后，空房很快被产卵。5～6 月完成发育需30 天，6～7 月完成发育只需 24 天。卵历期 3.5～5.5 天，幼虫历期 10～12 天，蛹历期 10.5～12.5 天。

刚羽化工蜂身体较软，橙黄色，由雌蜂喂养，第 2 天开始飞行，第 3 天开始工作，体色转为鲜黄色。第 1 批出房的工蜂体长18～19 毫米，以后出房的体形渐大长达 22～24 毫米，与雌蜂一样。雌蜂清晨 5:00～19:00 出巢活动，晴朗天气雌蜂活跃。

雌蜂衔食团归巢后在巢脾上略停留，用足清理身体后将头部伸入巢房喂幼虫，每房 7～9 秒，逐房饲喂直至肉糜耗尽，稍休息后再外勤。雌蜂 2 次外勤后不再外出。黑盾胡蜂食量大，野外常见工蜂飞寻、捕食鳞翅目小型幼虫，快速抱握、撕咬后飞到空中嚼成肉糜。有时工蜂猎杀大型蛾类成虫。

6月下旬工蜂出房后蜂巢迅速扩大，巢脾增多，11月蜂巢最大，直径40～50厘米。11月上旬雄蜂开始出现，中下旬数量增多。雌蜂羽化交尾后，12月中旬受精雌蜂离巢结团越冬，工蜂、雄蜂死亡。翌年越冬雌蜂出蛰后又开始新生活史循环。1年仅1世代。

3. 黄腰胡蜂　俗称黄土蜂、花腰蜂、黄腰蜂、小黑腰胡蜂、黄腰仔、台湾虎头蜂、三节仔，黑黄蜂。腹部第1～2节为金黄色，后半部其余各节为黑色，腰间一段为黄色而得名，极易辨认。

福建的黄腰胡蜂，每年4月上旬外界温度达到15℃以上时越冬雌蜂出蛰；经过数周活动后5月上旬开始单独筑巢，5月中旬筑成有十多个巢房的小巢；6月上旬第1代工蜂出房，随后经过扩巢，工蜂和巢脾增多成大巢；11月上旬雄蜂少量出现，11月中旬雄蜂增多；雌蜂羽化交尾后于12月上旬入蛰，工蜂死亡落地，受精雌蜂选择温暖、避风的场所结团入蛰越冬。

黄腰胡蜂越冬后可失去鲜重42%。出蛰后的雌蜂筑巢，福建的蜂巢多悬挂于大树的侧枝、茂密灌丛的横枝、岩洞树洞上壁、房屋檐下，以避免阳光直接照射。最初的巢脾仅有4个浅巢房，附着于基物上，雌蜂开始产卵育虫并在边缘加筑10个巢房，最后在巢脾基部筑构蜂巢外壁，逐渐向下包被成直径6厘米、下端开口的蜂巢。每块巢脾厚2.5厘米，两脾之间蜂路宽2厘米。

11月下旬蜂巢最大，蜂巢直径最大可达1米，高约1米，内有16块巢脾，大的种群工蜂数量可达2 000个，种群蜂蛹量可达12.5千克。蜂巢中间最大，两端渐小，呈椭圆形蜂巢。蜂巢外壁有花纹，出口多开在下侧方而且有2～3个出口，总开口在外勤蜂飞行方向一方（图2-15）。

黄腰胡蜂春季独雌小巢中幼虫自卵孵化后经14天发育后封盖。黄腰胡蜂主要以农林害虫为食且食量大，能抑制巢地周围害

虫增长。黄腰胡蜂一般不蜇人，除非人畜有意或无意中触动蜂巢
才攻击，对蜜蜂的危害仅限于到蜜蜂巢门口捕食个别蜜蜂，危害
亦不大。

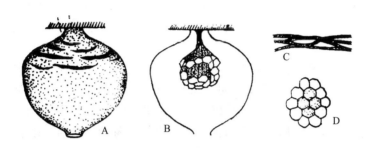

图 2-15 黄腰胡蜂的巢

A. 单独雌蜂营造的小巢外形 B. 小巢解剖图

C. 大巢巢壁内部 D. 巢壁下面观

（陈勇，孙希达，1996）

黄腰胡蜂初期建巢由一个蜂王进行，但在第一批工蜂羽化
前，有其他蜂王加入协作，会出现短时的一蜂巢多王，多王都产
卵，蜂群繁殖很快。

4. 平唇原胡蜂 原胡蜂属我国仅一种，即平唇原胡蜂，又
名夜食蜂，小夜食蜂，黄夜食蜂，俗称夜蜂，野生资源分布于我
国云南、广西、西藏，是云南地区常见的食用胡蜂种类。

平唇原胡蜂体长 1.5～2.5 厘米，体浅棕色，单眼大，卵淡
黄色，半透明香蕉状，长小于 2 毫米。早期幼虫淡粉色，纺锤
形。随幼虫发育，其体色逐渐加深，变为卵黄色。化蛹前体长可
达 2 厘米。

这种蜂讨厌阳光，白天在巢内休息，晚上出来捕食。昼伏夜
出，跟绝大多数胡蜂白天觅食的习性相反，因此得名夜食蜂。有
趋光性，喜欢到灯光下捕食。高压汞灯可以诱来原胡蜂。

平唇原胡蜂为胡蜂科中小型种类，其蜂巢规模相对较小。一
个蜂巢可达 5 000 个巢室，工蜂超过 1 500 只。一个蜂巢周期7～

10 个月。

云南红河平唇原胡蜂蜂巢周围植被茂盛，多高大乔木遮蔽。巢址多在低矮灌木丛下，巢体固定在一个半球形的土洞中。土洞不封口，从外部可直接看到巢体。在云南保山等地的山林里，其蜂巢呈黄色，建在树上选择叶子最密可以遮阴不容易见光的地方。

蜂巢整体呈椭球形至梨形，巢体高 29～33 厘米，最宽处 21～24 厘米。巢外壁具明显鳞状花纹，呈棕、白、灰、暗黄等颜色。外壁质地粗糙、易碎。蜂巢整体为封闭式，只有巢体下部有一宽 6～11 厘米的开口供工蜂进出。纵向有植物茎贯穿巢体，起支撑作用。

蜂巢外壁由最多 5 层纸质薄片组成。第 1 层巢脾顶部有 1 根较粗的巢柄。各层巢脾间距为 1.2～1.6 厘米。位于顶部和底部的各巢脾间分别有由巢脾外的通道相连。中间各层巢脾间无通道，但面向土洞外一侧巢壁与巢脾之间有一宽约 2 厘米的空隙供工蜂在各巢脾间活动。各层巢脾间以数根巢柄固定，最多一层达 15 根。巢脾数量为 8～9 个。中部巢脾最大直径为 21.2～24.2 厘米，两端巢脾较小。新巢室浅，多在 1.4 厘米左右；旧巢室深达 2.0 厘米以上。巢体外壁有明显条纹。

云南红河当地气候适宜，越冬期的低温虽使其活动能力下降，但不会引起大量死亡，平唇原胡蜂可以在原巢址内越冬。

5. 金箍胡蜂（热带胡蜂）　金箍胡蜂前胸背板横脊侧面被凹陷明显打断；翅基片前脊完整；腹部背观基部圆弧形，第 1 节背板中长于后缘宽度之半；腹部第 2 节背板橙黄色，其余背板黑色或黑褐色。

金箍胡蜂初期建巢是一个蜂王，在第一批工蜂羽化前，有其他蜂王合作，出现短时的一巢多王，多王都产卵，蜂巢迅速增大。

和其他胡蜂把肉糜带回不同，金箍胡蜂是吸干马蜂幼虫和蛹的体液，存到嗉囊中带回巢的。金箍胡蜂喜欢攻击马蜂亚科的巢，捕食其幼虫和蛹。但不攻击蜜蜂巢。

在我国有两个亚种：大金箍胡蜂（颅顶黑色）和小金箍胡蜂（颅顶黄色）。蜂脾从不超过 5 层。

小金箍胡蜂分布在福建、湖南、江西、广东、广西、云南等地；缅甸、印度尼西亚、印度等国家也有分布。成蜂捕食稻纵卷叶螟，稻螟蛉等鳞翅目幼虫，亦可捕食无花果上的介壳虫、螳螂、蝗虫，也危害蜜蜂。

在湖南各地的森林中均有分布，且数量较多，是胡蜂类群中的优势种。该蜂能捕食马尾松毛虫等多种鳞翅目害虫。但因该蜂性凶猛，毒性大，人被蜇刺严重者可导致死亡。常在树林内植被较丰富的灌木基干周围筑巢，以 1 至数根小灌木或草茎支撑，在地表裸露或植被稀少的林中未发现建巢。

巢外部形态略呈钝圆锥形，紧靠地面，底面平，直径 28.1 厘米，高 24.2 厘米。茶褐色，具不明显的鱼鳞状花纹。巢外壳呈封闭式，仅下半部有一圆形出入孔，孔径 1.15 厘米（图 2-16）。

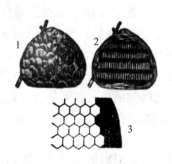

图 2-16　小金箍胡蜂蜂巢构造
1. 蜂巢外形　2. 蜂巢纵剖面　3. 蜂巢局部横剖面
（马万炎，侯伯鑫，1990）

6. 七里游胡蜂　又名毛蜂、毛七里等，主要分布于云南、四川、陕西等地。黑色，身长 2～2.5 厘米，具有很强的攻击性。黑绒胡蜂和七里游很像，两者的区别是：①筑巢位置不同：黑绒胡蜂喜欢筑巢于草丛、树丛等隐蔽的地方。七里游蜂喜欢将蜂巢建在树干顶端和树枝末梢等暴露的地方，一般很远就能看见蜂巢。②筑巢来源不同：黑绒胡蜂自己做巢。七里游蜂王一般是强占黄脚胡蜂的巢穴。③攻击方式不同：黑绒胡蜂攻击人时直接从巢上起飞，即使人跑进深密的草丛仍然会追。七里游胡蜂是胡蜂科里攻击性最强，伤人最多的胡蜂，此蜂最危险。七里游的巢受惊扰后，除一部分从巢上起飞外，其余成群翅膀并拢从巢上垂直掉下，到达地上后寻找攻击目标，发现目标后蜂拥而上，据说可以追赶目标达七里[*]远，所以得名"七里游"。人要是跑进深密的草丛，一般就不会再追了。④翅色不同：黑绒胡蜂翅膀颜色黑中带黄，七里游的翅膀颜色红中带绿。⑤毛量不同：黑绒胡蜂的毛较多，七里游的毛较少。⑥两只翅膀中间皮肤颜色不同：黑绒胡蜂的是黄中带黑，七里游是黄中带红。

3~5月是七里游开始筑巢的时期，8~9月是鼎盛时期，10月后走向没落。

7. 德国黄胡蜂 德国黄胡蜂分布于欧洲、亚洲、非洲、大洋洲及北美洲。我国主要分布在中部以北地区。1年发生1代。一天活动时间于早上6:30开始，至晚上19:30终止。最适活动温度为25℃，夏季中午温度过高时，在12:00~15:00时活动减少，捕食有效半径在50米左右。食性以食肉为主，主要捕食鳞翅目幼虫及飞翔中的蝇类活虫，在野外极少食用死虫。此外它们也咬食大型动物如猪、羊、鸡等尸体，还喜食蜂蜜、水果等甜食。

德国黄胡蜂是色盲，识别最清的是鲜明白色。因此蜂箱漆成白色最有利于蜂归巢。在田间工作和养蜂时尽量不要穿白色衣服以防刺激蜂群，有利安全。

一般巢址建于隐蔽场所，也可建于土墙内等处。凡建于土墙、土丘洞内的蜂巢一般均距离地面1米左右。蜂巢极大，可有十余层，有一共同出入口。一般一个蜂巢上可同时有1 000~

　＊　里为非法定计量单位。1里＝500米。

5 000只。

凡在土内建巢的德国黄胡蜂巢不易被发现，原因是建巢过程中所掘出之土粒皆由工蜂衔出后抛到远处，在洞口外均无被掘出的土粒出现。

秋后底层大型巢室羽化出大型雌蜂后，雌、雄蜂开始交配。然后雌蜂飞出巢外寻找避风隐蔽处抱团越冬，不食不动，直至来年春季散团后再活动。也有些雌蜂在巢内顺利越冬。但第二年均飞出另建新巢，旧巢没有发现有续用的。原蜂王翌年秋后即死亡。

德国黄胡蜂蜂巢较大，颇有利用价值，捕食量惊人，无论进行生物防治和取毒均是不错的选择。目前国外，尤其是欧洲，利用德国黄胡蜂蜂毒较多，颇有市场价值。

8. 中华马蜂（黄马蜂）　中华马蜂，又名二纹长脚蜂，俗名草蜂。我国大部分地区都有分布，特别是吉林、黑龙江、辽宁以及内蒙古等地。成虫雌蜂体长14～18毫米，体基色黑，具黄色或微褐色的花纹。触角着生部及口器基部黑色。头部黑褐色。触角黄色。胸部着生黄茸毛；足细长。第6腹节基部黑色，端部黄色；第10腹节宽，端部为一黄色横带，中部两侧各有1个棕色大圆斑，因而得名二纹蜂。

卵椭圆形，比小米粒还小，刚产后色淡，逐渐呈乳白色，孵化前呈黄白色。幼虫呈蛆状，13节，各节皱褶明显，全体乳白色，5龄幼虫体长9～14毫米，足不明显。蛹为裸蛹，体形与成虫略相似，体长13毫米。

中华马蜂在北方地区年生1代，以受精的雌蜂越冬。翌年4月下旬，越冬雌蜂出来活动。一般都在避风向阳处的岩石下、小枝上营巢。当蜂室壁高达2毫米左右时，产卵1粒。6月下旬第1批成虫羽化，蜂王专管产卵直到7～8月。在8月以前产的卵为受精卵发育为工蜂，其中有些受精卵孵化的幼虫，得到充足营养，最后发育成新的蜂王，未受精卵发育为雄蜂。

中华马蜂在春季筑巢时需要沿沟取水。5月中下旬是筑巢盛期，也是取水盛期，这时整天成群结队忙碌取水。营巢时间为每天的 9:00～16:00；工蜂一般多在晨露干后，即 7:00～8:00 飞出，17:00 左右回巢；于 9 月下旬在晴朗的天气 13:00～15:00，新蜂王和雄蜂飞集在温暖向阳处追逐交尾之后，雄蜂、工蜂相继死亡，只剩下受精雌蜂越冬，越冬场所多在向阳、背风、温暖的石缝、树洞、房檐等处。

9. 陆马蜂 别名马蜂、黄长脚蜂。分布于我国南北各地中海拔 1 000～2 000 米的山区，高、低海拔都分布。体长雌蜂 2.2～2.6 厘米，雄蜂 2.1～2.3 厘米，工蜂 2.0～2.2 厘米。陆马蜂在河北保定及北京附近地区 1 年可发生 3 代。卵期约 4 天，幼虫期约 10 天，蛹期约 13 天。

每年秋末交配后主要以第 3 代和部分第 2 代受精雌蜂在野外隐蔽场所抱团越冬，翌年 3 月末的暖天偶尔会有个别陆马蜂爬出活动，但由于气温低不能飞行寻食且易于耗尽营养而死亡。4 月初到中旬，气温恒定于 14℃时，大量越冬蜂开始散团活动寻找食物；4 月底至 5 月初，气温恒定于 17℃时，开始找寻合适的场所建巢产卵；5 月中旬出现第一代幼虫，5 月下旬幼虫化蛹；6 月上中旬第 1 代工蜂出现。

4 月底至 5 月初，越冬散团后的单雌陆马蜂在树木、建筑物周围飞行寻觅合适的巢址。选好后便开始筑巢。蜂巢一般建造在枝叶茂盛的雪松、杜仲、槐树等树木的树枝上，也可在避风没有阳光直射的楼房侧面的窗檐下等处，甚至在 10 余米高的大雪松近顶端的树枝和楼房顶层的窗檐下。5 月，蜂巢平均每天增加 1 个巢室，6 月初至 7 月底（即第 1 代蜂羽化后）每天增加 1.5～3 个巢室。

陆马蜂蜂巢形状最普通者为钵状，其他还有盘状、半钵状和不规则形状等，不同形状是由巢周围环境造成的。陆马蜂建巢时受到障碍物阻碍时会向无障碍物的方向增加巢室（图 2-17）。

蜂巢的体积差异很大。蜂巢巢室数从 10 余个到上百个不等，巢室数一般为 120～380 个。修建较早的蜂巢，一般体积较大的工蜂数量较多。巢室的高度一般在 2.8～2.9 厘米，使用过 2 次的蜂室高 3.1 厘米；蜂巢中央的巢室用的次数较多，相对较长，最长可达 5.4 厘米。

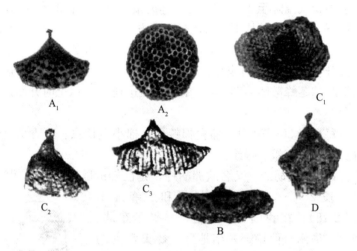

图 2-17　陆马蜂的蜂巢形状

A. 钹状蜂巢（A_1 侧面观，A_2 正面观）　　B. 盘状蜂巢（侧面观）

C. 半钹状蜂巢（C_1 正面观，C_2 侧面观，C_3 前面观）

D. 梨状蜂巢（侧面观）

（杨啸风，任国栋，2001）

10. 角马蜂　角马蜂原为中华马蜂之变种。我国分布在吉林、内蒙古、新疆、甘肃、河北、山西、安徽、江苏、浙江、福建、贵州、广西等地。

在山西运城地区一年可发生 3 代，以受精雌蜂越冬，每年 11 月中旬开始抱团越冬；翌年 3 月散团活动，4 月中旬至 6 月上旬发生第 1 代，历期 41～59 天；6 月上中旬至 7 月上中旬发生第 2 代，历期 36～45 天；7 月上中旬至 8 月中下旬发生第 3 代，历期 26～39 天。

第 1、第 2 代中多为工蜂，仅有少量雄蜂，第 3 代出现大量雄蜂，雄蜂可达总量的 2/3。雌雄交配可在同巢或异巢间进行。

雄蜂秋后死亡，寿命约 3 个月。受精雌蜂离巢越冬，成为第 2 年蜂王，蜂王寿命约 1 年。

在山西运城地区于 9 月下旬气温降至 17℃时开始离巢，10 月上中旬气温降至 10～12℃时全部离巢。雌性受精蜂在柴草垛、屋檐下、废砖窑石块下等避风隐蔽地方由几十、几百至上千只蜂挤成一团，一般气温降到 8℃时不食不动冬眠越冬。越冬时如果气温升至 15℃以上可发生散团，飞出找食。翌年 3 月气温达到 14℃时越冬蜂散团活动。4 月中旬气温达到 17℃以上时开始建巢产卵。

每巢蜂 20～30 只，捕食棉铃虫、棉小造桥虫、菜青虫、烟青虫、甘蓝夜蛾、银纹夜蛾等害虫。

11. 黄边胡蜂　又名欧洲胡蜂，是已知的欧洲最大的胡蜂。蜂王长 2.5～5.5 厘米，雄蜂和工蜂细小（图 2-18）。在我国分布广泛，多见于东北、华中、华南、西南、东南地区。蜂巢常见的有 6～8 层，最多的可达 33 层。黄边胡蜂为昏出性胡蜂，黄昏也出来捕食。黄边胡蜂在夜间会受光所吸引，但却不会受食物或垃圾所吸引。黄边胡蜂除了保护蜂巢和自卫外，攻击性很小。

图 2-18　黄边胡蜂的腹部

12. 青米蜂　属黄胡蜂属。又名米蜂、万年蜂、苍蝇蜂、裤裆蜂、香蜂、小米蜂等。全身青绿色，身长 0.8～1.3 厘米，蜂王 1.4 厘米。每年 3～5 月，由单只蜂王独自筑巢于土里，以后由工蜂负责筑巢工作，蜂王不再外出，只负责产卵。青米蜂虽然个体小，但是也会蜇人，喜欢吃苍蝇。各地区因气候条件等因素，蜂群的筑巢周期各异，如云南某些地区，春节时是青米蜂发展的高峰时期，此时多王同巢，5 月时衰败，其筑巢周期可达 14 个月左右。而有些地区，筑巢期可达数年，所以又名"万年蜂"。因筑巢周期各异，所以蜂巢的大小也各异，蜂巢最大直径可达 1 米。

13. 红娘蜂　应该是金环胡蜂的不同颜色亚种，也叫红土蜂、红娘胡蜂（简称红娘）、红娘蜂、红娘大土蜂、红娘大黑蜂等，是热带胡蜂，特征是身体为红色，产量高于大胡蜂。海拔1 800米以下，蜂群发展很快；海拔2 200米以上也可以养殖，但是产量较低。

14. 茅胡蜂　腹部第1节背板基部圆形，中间的长度大于其端宽之半。唇基无光泽，刻点间距等于或小于刻点直径；中胸背板主盾片锈红色的 W 形斑纹明显完整。我国分布于河南、陕西、安徽、云南、四川、福建、浙江、西藏等地。蜂巢排球大小。

15. 夜出蜂　学名褐胡蜂，夜出型胡蜂。单眼大，与夜出性的平唇原胡蜂相似，但该种后单眼与后头脊间距大于后单眼间距。我国分布于辽宁、西藏、四川、云南、福建、上海、江苏、江西、湖北、陕西等地。

16. 洞夜蜂　别名大夜蜂、洞夜胡蜂、毛夜蜂、黑夜蜂等，分布于海拔1 500～2 500米密林山区，全身长有很长的绒毛，毒性很强，攻击性很强。在大树洞或土洞中筑巢，不会挑土。巢最大可达20千克。

17. 草夜蜂　别名草夜胡蜂、小夜蜂，分布于海拔1 000～2 000米密林山区。雌蜂体长2.8～3.1厘米，雄蜂1.8～2.5厘米，工蜂2.2～2.8厘米。该蜂全身金黄，微带绿，长有绒毛，个头细长，不冬眠，是一种特别的胡蜂，繁衍方式与蜜蜂相似。此蜂跟洞夜蜂相同，属于夜行蜂种，是目前国内发现最大的不冬眠胡蜂品种。选定筑巢地点后可住多年，筑巢在比较密集的灌木丛或者大树丛中，对环境要求很高。很少地方能看到它的行踪。蜂巢外形与黄脚胡蜂相同，最大可达15千克以上。

18. 变胡蜂　变胡蜂唇基黄色，基部2/3处明显凸出，前缘无中齿，两侧角半圆形。我国分布于云南、四川、福建、陕西、湖北等地。蜂巢4～5层，有1 400～2 000个巢室。蜂巢离地2.5米左右。

19. 亚非马蜂　我国分布在河北、河南（商丘、虞县）、江苏、浙江、福建、广西等地；在国外主要分布在缅甸、印度、伊朗、埃及、毛里求斯等国。捕食菜青虫、小菜蛾、银纹夜蛾、斜纹夜蛾、稻纵卷叶螟、稻螟蛉、直纹稻苞虫、甘薯麦蛾、棉铃虫、棉小造桥虫、玉米螟、松毛虫、豆荚螟、芋单线天蛾、香蕉弄蝶等。幼虫化蛹时，幼虫吐丝在室口编织封盖，亚非马蜂封平顶为雌蜂，向上凸起为雄蜂。亚非马蜂成虫在 9:00～16:00 活动（图 2-19）。

图 2-19　亚非马蜂雌成虫

第三章 养殖前的准备工作

第一节 养殖场的选择

养殖之前需要先选择好将来的养蜂场。适合胡蜂生存的必要条件主要是：适合的经纬度、充足的肉食、丰富的树汁、足量的花蜜和卫生的饮水。影响胡蜂生长的因素主要有：阳光、雨水、雾气、土壤、方位、植物、动物等。危害胡蜂的主要因素有：人、农药、污染等。金环胡蜂的活动取食范围约 5 千米^2，黑尾胡蜂的取食活动范围约 4 千米^2，七里游和葫芦蜂的取食活动范围约 3 千米^2。

规模化的养殖场选址环境是：应当选择一片 5 千米^2（最少也要 3 千米^2）在原始的状况下胡蜂本身就多的地方。对这些地方的要求是：植物多样茂密，没人居住，没有农药和其他污染，阳光充足，雨量适中，昆虫众多，没有或者少有会危害胡蜂的动物，树汁和花蜜丰富。

一般小规模的养殖场选择安静、向阳、背风的环境，周围 1 000 米内具有一定数量的多种树木，并且有水源的地方是理想的养殖场地。同时，选择养殖场地要兼顾以下特点：

（1）有建筑巢穴材料的树木，如杉树、云南松、沙松、蓝桉、马缨或各种朽木。

（2）采食面要宽，即在周围 1.5 千米^2 内具有较多数量和不同种类的树汁多的栗属植物和阔叶树木存在，这样有利于各种昆虫的繁殖，也利于维持胡蜂食物的多样性。

（3）需要充分考虑周围人畜的安全，尽可能选择地域广阔、森林资源丰富、人迹罕至且有较多的食物（野生生物）、背风向阳、前面开阔（一般背靠山）、顺风、山坡易排水、具有低矮的树木、生态环境较好的深山老林。

（4）胡蜂能取食蜜蜂、桑蚕等益虫，所以在选择建设胡蜂养殖场所时，尽量远离他人养殖蜜蜂和桑蚕的场所。胡蜂养殖场应该距离蜜蜂养殖场 2 000 米以上，以免发生矛盾，导致经济损失。

（5）蜂场养殖的环境要保持安静，同时要远离人群以及花卉种植地或农作物种植地，绝对不能选择在路口及人畜密集活动的地方，如居民区、学校、医院、企事业单位等，距离人畜经常出没地带不宜少于 300 米，保证人畜安全，因为一旦蜂群骚乱会危及周围 200 米内的任何移动目标。蜂巢至少 50 米外要用围墙或者铁丝网等与外界隔离开来封闭养殖，而且要时常检查，防止隔离设备上有漏洞，同时设置危险警示牌。

居住在山区的人们可以因地制宜和就近取材，在山林和田边地角等可控制的地方养殖胡蜂，便于管理，在人少的山区尤其适合养殖胡蜂。

胡蜂养殖场的安全措施极为重要，切不可大意。即便在人迹稀少的深山老林，养殖场周围也必须悬挂胡蜂警示牌，可以在周围用带刺的篱笆围起来或者拉隔离网防护作为警戒线，以防止外出探险的人员闯入。同时蜂场必须制定应急措施，备足应急药品，尽可能减少被胡蜂蜇刺而引起的伤亡。

养殖场所如果发现蚂蚁，需要找到蚂蚁的洞穴彻底铲除，原因是蚂蚁咬食蜂蛹和幼虫，养殖容易失败。

如果养殖的胡蜂是在地洞里筑巢的种类，如大胡蜂、黑尾胡蜂、黄腰胡蜂、三齿胡蜂，那么在蜂场选好以后就可以把巢洞挖好。在山坡上往下挖凿直径 60 厘米，深 80 厘米的圆洞一个，洞口用木板盖住，木板上面用薄膜或油毡等防水物盖好，培土压实使雨水不能漏入，防止蜂巢发霉，前面留宽30～35厘米的采收门洞一个，移巢时放入蜂巢，用3～3.5厘米粗的木棍从外向里水平地穿一个小孔到洞的底部，作为排水用。挖凿巢洞时如果发现有蚂蚁窝要彻底清除或另选地方挖凿。

第二节　蜂巢密度与布局

金环胡蜂、黄腰胡蜂、葫芦蜂、夜食蜂等胡蜂科大型蜂类在野外的取食范围随种群数量变化而定，种群数量越大取食范围越大。养殖胡蜂时要合理布局养殖密度和品种搭配，才能充分利用山林中的食物资源和生存空间取得高产。

一个地区的昆虫和树汁等食物总是有限的，所以在没有为胡蜂准备好食物的情况下不要盲目地追求养殖数量和规模，否则可能导致胡蜂群被饿得半死不活甚至被饿死，以致蜂蛹产量不高。当一个地区的胡蜂数量过多，也会导致其他昆虫物种灭绝和树木生长不好，所以一定要根据当地的食物资源，来确定是否可以大规模养殖或是加大养殖数量。

一般来说，体型和蜂巢越大的胡蜂养殖密度应该越小，如凹纹胡蜂可以集中养殖，但金环胡蜂只能散养。如果放养过密，食物无法满足蜂群需要，胡蜂可能因缺乏食物饿死，且会导致蜂群之间争夺食物而互相捕杀，最终导致养殖失败。如果养殖空间条件有限，不得不密集养殖时，必须加喂充足的食物才能保证养殖成功。

一般根据林地面积，在3～5千米^{2}养殖凹纹胡蜂约20巢，黑尾胡蜂15巢，洞夜蜂10巢，黄脚胡蜂10巢，金环胡蜂5巢，红娘胡蜂1巢，其他胡蜂30巢左右。

蜂巢的密度：2个（凹纹胡蜂）蜂巢间距离以3～5米为宜。不能放得太近，如果太近胡蜂可能会错进其他巢内，发生斗杀，造成经济损失。在布置蜂巢时，巢门不能朝同一方向，以防胡蜂相遇产生争斗，每巢附近还要有明显的标志，防止胡蜂找不到巢穴。蜂巢的高度一般离地面 1.5 米左右，便于采割。同场饲养的密度最好不要超过 30 巢。

在山上养殖布局时，可将最危险的黑绒胡蜂养在山顶或者中心（防止它们飞到养殖地区外面造成危险）；其次是晚上出来寻食的夜行蜂，以防止晚上误蜇行人；山顶以下或外侧是危险的金环胡蜂或大黑蜂；再下方或外侧是集中养殖的比较温驯的黑尾胡蜂。最外侧必须标示有全天（白天和夜晚）都有胡蜂活动危险的警示牌。养殖管理人可以居住在养殖场里面或者外面。

第三节　养殖林地适宜树种

胡蜂喜欢取食甜的树汁，常见壳斗科树上流出汁液的地方有胡蜂取食，特别是一些受天牛等蛀干害虫危害的虫孔流出汁液处，不同种类胡蜂和蜂群间常因争夺取食权而相互斗杀，流汁液处夜间常有胡蜂把守，以防其他胡蜂前来取食。这一现象表明，树汁对胡蜂种群生长发育十分重要，尤其是蜂王刚从越冬状态苏醒过来补充体力时是必不可少的。因此，在养蜂区或者蜂棚里多种西南桦、栗等有甜浆的壳斗科植物是必要的。

在食物极度匮乏的情况下，如果有几个成熟的浆果或者几株能开花并有花蜜的植物，就可以使胡蜂活下去，即使在周围的环境有所改变时也会有利于它们的繁殖，特别是胡蜂赖以生存的几种植物。例如，在春季，即使没有昆虫，但只要有一些能分泌含糖树汁的壳斗科植物就可以使它们生存下来，花蜜类如蓝桉、白山茶、党参花等，浆果类如梨、李、桃、荔枝等。所以，在胡蜂养殖场应该多种些此类植物，对胡蜂的生长发育繁殖是十分必要的。

从胡蜂养殖产量和经济效益的角度考虑，尽可能种植糖枫、麻栎、白栎、板栗、毛叶山桐子等树。

1. 糖枫　一般高达 20 米，最高可达 45 米，一株十年的糖枫树高约 5 米。早春开花，花蜜很丰富。生长迅速，树冠广阔，夏季遮阴条件良好，可作行道树或庭园树。糖枫在长江中下游广大地区生长正常，在海拔 800～1 000 米的山区更为适宜。

林地发生虫害时，任其生长，不要施用农药防治，以防伤害到胡蜂。

2. 毛叶山桐子　落叶阔叶乔木，高 8～21 米；花期 4～5 月，果熟期 10～11 月。根系十分发达，呈网状，是优良的水土保持植物。一般情况下，每 667 米^2 挂果期的山桐子产量在 1 000～3 000 千克/年。

毛叶山桐子花多芳香，有蜜腺，为养蜂业的蜜源资源植物。

3. 麻栎、白栎、板栗及橡树　麻栎分泌树汁很多，树汁里面蛋白质含量也高。有人研究发现，有 5 种胡蜂的攻击性与饲喂橡树汁液的量成反比。因此，要在养殖地多种橡树，可以降低胡蜂蜇人的风险。

第四节　主要养殖设施与设备

一、养殖笼

框架一般都采用竹、木质框架或用铁纱网制成，设备的长、宽、高（一般 2.2 米以上）按养殖规模的大小而定，确保胡蜂有充分活动的空间。至少一面有铁纱，便于饲喂蜂王。顶部和四周均罩以不锈钢网防逃，笼的一边备有加厚的尼龙拉链开口（供管理人员进出）。笼子一般无底，将笼子的下面埋在田间土中，并用木桩和铁丝把笼子固定，防止被风刮倒。在笼内需要培育大量的十字花科植物及矮小灌木丛，给胡蜂造就一个活动、取食的场所。捕捉胡蜂的廉价蜂笼一般用铁丝网制成带塞子的圆筒形。

二、胡蜂棚

人工养殖胡蜂，需要大量的蜂王。与民间去山里寻找零星的野生胡蜂蜂巢移到自己家附近的传统助迁养殖不同，人工养殖需要建好蜂棚批量培育蜂王，让蜂王在人工条件下筑巢、产卵、繁育工蜂和批量培育养殖用的蜂群（图 3-1）。

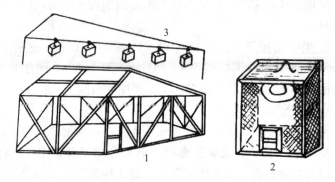

图 3-1　胡蜂饲养设备
1. 引蜂筑巢蜂笼　2. 野外养蜂棚　3. 蜂笼悬挂

蜂棚的具体大小视实际采收或者养殖蜂巢的多少而定，可利用大型玻璃温室以及大型厂房或建立专用育蜂棚。一般面积控制在 100 米^{2}左右，高 2～3 米，一般在蜂棚内种植玉米、豆、棉花等易接入昆虫生存的作物，最好种植壳斗科植物。在蜂棚的一面设置相应的纱门结构，供养殖人员进出。棚内要悬挂水果或者盛有蜜水、水果皮、瓜皮等饲料的小盘，从而保证胡蜂能在放入后取食并自由活动。

建大棚的材料主要是塑料薄膜、遮阳网、细铁纱网、防虫网、塑料胶网、竹竿、竹片等。蜂棚一般使用钢铁、木作支架（竹子的大棚半年就需要换一次支架，也承受不住雪压），并且使用铁窗纱作围护网，厚塑料膜封闭。纱网选择孔目最小的不锈铁纱网或者不锈钢纱网。不能用纯铁纱网，因为夜里有露水，如果用纯铁纱网约一周后就生锈了，几个月后就会锈出洞不能使用。不可用尼龙网养殖大型胡蜂，如金环胡蜂（会咬破）；养中小型胡蜂如凹纹胡蜂则可以用白色的尼龙网，咬不破。支架用竹子的，用不锈铁线捆扎；缝合用普通的黑色缝衣线，缝两层即可，拉紧。使用塑料大棚专用的塑料布，大棚的一半从地面以上开始遮围。

1. 交配蜂棚 用于雌雄蜂交配，是批量获得蜂王的一定规格的蜂棚，不宜太大。地点选在有灌木、杂草、枯木、溪流的阳光可以直射的山坡环境。长5～6.2米，宽2.5～2.7米，高2～2.2米。雌雄蜂交配大棚整体要求通风透气。大棚分两部分，一部分（端）要求中午时段完全可以被阳光直射，通风透气，另一部分（端）全天遮阳。

2. 越冬蜂棚 用于蜂王批量越冬，获得越冬蜂王的蜂棚。地点可选在寒冷潮湿的山谷。长6米，宽2.5米，高2米。越冬大棚整体要求低温、闭光、透气，也可以用农村以前的两层砖木结构，安静阴凉无人居住的老房子做越冬房。

3. 筑巢蜂棚 用于越冬成功的蜂王筑巢、产卵、育首批工蜂，获得小蜂群的蜂棚。可选在阳光可以直射的山坡树林环境。空间应该大一些，一般规格为长10米，宽3米，高2.5米。蜂王筑巢大棚整体要求通风、透光，不能完全遮住阳光，也不能完全遮阴，全棚可以让阳光照射得到适当的温度。筑巢大棚功能是控制温湿度和防止蜂王从筑巢箱逃出飞走丢失，关键是摆放在里面的几十个筑巢箱，筑巢箱摆放间距要在7厘米以上，太近了会相互影响。

如果条件紧张，越冬大棚、筑巢大棚和交配大棚可以共用一个棚。只是筑巢大棚不能遮阳光，不能遮阴，要求全棚可以让阳光照射。

规模小的也可以建交配帐篷，长2米，高1.8米，宽1.5米即可。最好两个，分别关2巢胡蜂。帐篷顶一端用石棉瓦遮阴，上部放以蜂箱，里面放置一些空蜂巢，以便胡蜂晚上进去休息。

4. 胡蜂越冬与筑巢温室 有条件的可以建设胡蜂房，功能与胡蜂棚相当，胡蜂的交配、越冬、筑巢均可在里面进行。胡蜂房造价比胡蜂棚高，但养殖管理（如温湿度控制）相对更好（图3-2）。

图 3-2　胡蜂越冬与筑巢温室

5. 胡蜂越冬室　越冬室是放在越冬大棚里的供蜂王批量越冬的处所。蜂王越冬室的好坏直接影响到蜂王批量越冬的成活率。主要有枯树筒、老蜂巢和人工气候箱等几种越冬室。

①老蜂巢越冬室　凹纹胡蜂的蜂巢可用，金环胡蜂老蜂巢选最上部分结构复杂的老巢脾就可以。

②枯树筒越冬室　选中央空而有缝隙或者有虫洞的树筒就可以，用自然枯死天然空心树筒如青木树更好，有无树皮均可，直径25厘米，锯成30厘米一截，用电钻打孔，孔口直径4厘米，洞深25厘米，洞内直径15厘米，再用腐烂的松木块封堵严实，最后离封堵孔口处5厘米高处打个直径3厘米的孔供越冬蜂王自由进出。树筒必须阴干或晒干，不可潮湿。还需要除去蚂蚁，空心不要太大，能放50只胡蜂在里面越冬就足够了，树筒壁厚些为好。

越冬室的使用方法：将越冬室放入交配大棚中的光照处，让交配后越冬的蜂王自己钻入其中越冬。待蜂王进入越冬室后，将越冬室放进越冬大棚里，防老鼠等动物偷吃越冬蜂王，并通过大棚控制温度、湿度、透光度等达到越冬最佳条件。

6. 野外越冬房　野外也可以建造胡蜂越冬房，房周围有水，可以起到防虫和调节湿度的作用。越冬房里面贴有40厘米厚的泡沫，起恒温的作用。在热的地方9:00关门，晚上开启；在冷的地方相反，晚上关门，白天开启，就可以适当调节温度和湿度了（图3-3）。

图 3-3　胡蜂越冬房

7. 蜂王筑巢室　供蜂王筑巢、产卵、育首批工蜂的处所。蜂王筑巢、产卵、育首批工蜂的质量与温度、湿度、食物、筑巢材料、筑巢室结构等因素有关。筑巢室（箱）类型主要有竹筒、树筒、土洞、木板或木质啤酒箱等多种。

木板或木质啤酒箱筑巢室（箱）分筑巢区和活动区。筑巢箱的筑巢区有条件的可以用木板制作，不能用胶合板，要使用普通原生木板。箱体可以缩小些，保温暖和，只是制作费力成本高。也可以用木质啤酒箱制作筑巢区，箱底侧面一角处开一个供蜂王进出的直径4厘米的孔。箱子顶端横担一根宽5厘米，长可以穿出箱子两侧，刚好可以担在箱子上的木条，不能太光滑。筑巢区内部需要遮光黑暗，外面覆盖塑料布防止被雨淋。活动区大小跟筑巢区一样，用铁纱网制作，但是底部应该用木板制作，不要用铁纱网，防止夹伤蜂王的脚。活动区一侧留个小门，供喂食物之用，食物用两个不同颜色的瓶子盖盛放：黄色的一个装加糖蜂蜜水，另一个装水，一天清理干净一次。另一边放入腐烂的树及树皮供做窝用。一个筑巢室（箱）里关养一个蜂王。

目前研制专用筑巢箱，安全、可靠、方便、实用，筑巢箱配有喂食笼、喂食器，买回去就可以用。筑巢箱板一般厚 1.5 厘米，内长宽高 14～15 厘米，需要其他尺寸可订制。

8. 胡蜂箱 一般用木材做成小型的蜂箱，边长控制在 15～20 厘米，上下用薄的木板做成盖板和底板。盖上装有挂钩，四周挂有纱窗，一侧留有可随意抽拉的活门。

三、捕捉工具

捕捉野生雌蜂驯养，可用自制的捕蜂网。该网由网柄、网圈和网袋三部分组成。网柄的长度约与自己身高相等，用直径 2 厘米的竹竿或木棍均可；网圈的直径 35 厘米，用粗铁丝弯成，两端折成直角，固定在网柄上；网袋用绿色的尼龙薄纱做成，网袋的长度是网圈直径的两倍左右（图 3-4）。

图 3-4　捕胡蜂网

四、其他设备

养殖胡蜂除了必需的设施和工具外，还需要一些其他设备来实现胡蜂的现代化养殖。这些基本的胡蜂养殖设备需要日常维护和集中管理，以确保其有效性和系统性。

（1）爬树器　不锈钢制作，取树上的胡蜂巢时很方便。

（2）收蜂袋/收蜂笼　直接套在蜂窝上面的不锈钢收蜂袋/收蜂笼。

（3）喂食器　一般用白色塑料制作，起安全喂食的作用。

（4）诱捕器　一般用白色塑料制作。

（5）胡蜂巢基础　相比塑料制作的胡蜂蜂巢基础，用原生态木浆制作具有下列优点：①热传导性好，有利于卵的孵化；

②保温性好，蜂王离开蜂巢时，温度降低得慢；③锥形巢孔，1∶1与自然蜂孔大小相近，巢孔内壁有小细纹，幼蛹不容易掉落（图3-5）。

图 3-5　人工制作的胡蜂巢基础

（6）普通恒温箱　要求温度变化幅度为10～40℃，最好带有玻璃门（图3-6）。恒温箱为封闭系统，可根据需要的温度，恒定在一定范围内进行培养，但不具备降温功能，只能在秋季、冬季和春季使用。夏季室内需要空调来保持恒温。专业性养殖胡蜂应购买恒温箱，非专业性的也可以自己制造。

自制恒温箱可用木板或三合板制成双层夹板，夹板内装入棉花、木屑等隔热物；也可用八成新的泡沫箱，厚的效果好，箱内上方安装乙醚膨胀片，能自动调节温度；箱中用木条钉成几层放蜂卵的格子；箱顶板中央穿孔处安装1套有橡皮圈的温度计；箱底部装几个100瓦以上的白炽灯泡，作为加热源，灯泡上串联1个温控仪。温控仪可以自动控制温度，保持预设恒温。箱子的门上可装1块小玻璃供观察。如果箱内干燥，可在底部放一小盆清水加湿。

图 3-6　数显简易
恒温培养箱

（7）光照培养箱　用于保存和饲养胡蜂（图 3-7）。

（8）电击取毒器　用于取金环胡蜂、葫芦蜂等的蜂毒。

（9）强力充电手电筒　用于胡蜂养殖和收获时的夜间照明（图 3-8）。

图 3-7　光照培养箱　　　　　　图 3-8　手电筒

（10）锄头和土铲　养土蜂和取地下的胡蜂蛹时，用于挖开外面的泥土。

（11）砍刀和钢锯片　用于锯断连接巢脾的树枝，锯断蜂巢脾之间连接的巢脾柱。

（12）冰柜　用于迅速使蜂笼中的工蜂在低温下保持不活动状况。

（13）温度计和湿度计　养殖胡蜂科蜂类时，用于测量周围的温度和湿度。

（14）交通工具　用于胡蜂物品的运输和相关人员的交通。

（15）望远镜　用于野外观察胡蜂寻找胡蜂巢。

（16）显微镜　观测和研究胡蜂病虫害用。

（17）胡蜂防盗报警器　人工养殖的大蜂巢，一个价值几千甚至上万元，因此快到收获季节防盗问题必须重视。

第五节　防胡蜂服的使用

高质量的防胡蜂服是养殖胡蜂必不可少的基本装备。必须使用防胡蜂服，以保证养殖人员的安全，不能使用市场上只有防蜜蜂功能的防蜂服。穿防胡蜂服可以使养殖人员安全地观察蜂幼虫发育情况，可在白天取蜂蛹和幼虫。

防胡蜂服的制作要遵循几个原则：①厚实，这是保证安全的基本原则；②灵活，尤其是关节处；③颜色不能鲜艳；④轻便，穿上活动方便，太笨重的不适合使用；⑤透气，不透气的服装，穿着太热不舒服，尤其是在夏天，几乎无法使用。

取胡蜂幼虫和蜂蛹时戴上防胡蜂帽、穿上防胡蜂衣，用拉链连接密封衣、帽两部分；穿上防胡蜂裤，用橡皮密封衣、裤两部分；戴上防胡蜂手套，用防胡蜂袖套密封袖口和防胡蜂手套接口处。现在已经研制出带有风扇的防胡蜂衣，可以降温，夏天穿上更舒服。

第六节　蜂蜇的预防和处理

一、预防蜂蜇

零星几只胡蜂在身边飞舞骚扰时，不必理会。胡蜂停落在头上、肩上时，轻轻抖落即可，千万不要拍打。很多人与马蜂相遇后慌乱中会将其打死，马蜂在临死前会释放一种独有的气味作为危险信号传递给同伴，同窝马蜂在接收到同伴传递过来的信号后会迅速前来支援，甚至会倾巢而出进行报复。万一被蜂群攻击，要尽快用衣物包裹暴露部位，迅速脱离现场，不要反复扑打。扑打一是更加激怒蜂群，二是扑打时必然多出汗，汗多味重，会招致更多的攻击。

胡蜂虽然护幼、护巢习性强且脾气暴躁，对于任何有威胁巢穴的行为都会发动攻击，有极强的攻击性，但一般情况下不会主动发起攻击。事实上被其蜇伤的大多是有意或无意侵犯到蜂巢才引起的。另外，有些胡蜂还有一定的领域意识，假如过于接近蜂巢便会被蜂群视为入侵，因此为了安全要尽量远离蜂巢，更不能主动攻击或侵扰蜂巢。被胡蜂蜇伤的人中大多数是主动攻击蜂巢

（捅马蜂窝）时遭到报复所致。

二、处理蜂蜇

（1）轻度蜇伤　蜇伤小于10处，皮肤没有明显红肿等变化，没有其他全身不适状况。

（2）中度蜇伤　蜇伤大于10处，受蜇皮肤立刻红肿、疼痛，甚至出现淤点和皮肤坏死；眼睛被蜇时疼痛剧烈，流泪、红肿，可发生角膜溃疡；全身症状有头晕、头痛、呕吐、腹痛、腹泻、烦躁不安、血压升高等，以上症状一般在数小时至数天内消失。

（3）严重蜇伤　蜇伤大于10处，可有嗜睡、全身水肿、血压升高或降低、少尿、酱色尿、昏迷、溶血、心肌炎、肝炎、急性肾衰竭和休克症状，甚至死亡。部分对蜂毒过敏者可表现为荨麻疹、过敏性休克等。据案例分析，严重者1小时内不能得到有效治疗的死亡率达66％，96％的罹难者拖不过5小时。

一般胡蜂养殖的地方通常没有专业的医疗机构和医护人员。因此，从事胡蜂养殖人员为了能在被蜇后及时处理，最好随身携带防胡蜂急救包，急救包中应有：①真空吸毒器；②必备救命药，如肾上腺素自注射套装或者地塞米松皮下注射液两支、注射器、碘酊、消毒药棉；③镇痛、抗过敏药物和外敷消肿药膏，如地塞米松片、季德胜蛇药片、息斯敏、芦荟膏；④杀蜂气雾剂，主要成分是菊酯类杀虫剂，能迅速驱散蜂群，有条件时，还可携带抗蜂毒制剂，遭到胡蜂袭击后，应冷静对待做好应急处理并根据情况及时就医。

对胡蜂蜇伤的处理：在一般情况下，偶尔被胡蜂蜇伤1～2次，出现轻度红肿热痛等症状，不用惊慌，立即用手挤压被蜇伤部位，挤出毒液或快速用真空吸毒器（类似拔火罐）吸去毒液；或立即用食醋或1％乙酸等弱酸性液体洗敷被蜇处皮肤，观察即可；还可用香烟接近被刺部位熏蒸（不要与皮肤接触，以免烫伤）使蜂毒失效；也可迅速用大量冷水冲洗患处。可用洋葱切片、母乳、风油精、清凉油等涂抹在蜇咬处，或冰块敷在患处缓解症状，但不可以用红药水或碘酒涂抹（非但不能治疗，反会加重肿胀）。如果患者是过敏体质或心脏负担过重等的特殊人群，身体上出现红斑等过敏反应或者出现呼吸困难等比较严重的症状，应立即到医院就诊。

1. 蒲公英应急治疗胡蜂蜇伤 就地寻找新鲜蒲公英 3～5 棵（约 20 克），清洗干净后全株揉成糊状局部外敷，防止毒液扩散，同时常规给予盐酸西替利嗪片口服，地塞米松注射液肌内注射，再根据病情变化，给予其他对应处理。一般都在 2 小时内红肿消失，疼痛减轻，可以正常活动，没有发生呼吸困难、过敏性休克、肝脏功能衰竭等严重脏器损害，保护了生命健康。

2. 季德胜蛇药、南蛇药片治疗胡蜂蜇伤 使用季德胜蛇药片外敷内服治疗胡蜂蜇伤，效果显著，简单、方便，是治疗胡蜂蜇伤的理想方法。首先使用清水或 0.9％氯化钠注射液冲洗蜇伤部位，伤处若有毒刺要尽早拔出，有条件时用肥皂水冲洗伤口；将数片季德胜蛇药片研碎，调制成糊状，敷于胡蜂蜇伤部位；内服季德胜蛇药片 10 片，4～6 小时一次，一般服用 1～2 天。一般全身症状 4～5 小时消失，再配以扑尔敏 10 毫克或者苯海拉明针剂 20 毫克肌内注射，重症者给予补液、激素等对症治疗。

第四章 养殖技术与管理

养殖胡蜂的指导思想是以获取蜂幼虫、蜂毒为目标，并建立起胡蜂科学养殖模式，即根据胡蜂的特性，参考养殖蜜蜂的方法，在山区实施野生放养和人工喂养相结合，在平原尽量实行圈养或者大棚养殖的模式。

人工养殖胡蜂的关键技术环节是：培育优质受精雌蜂，冬季保护雌蜂（雄蜂越冬前即全部死亡）安全度过冬季，春季引导雌蜂王早筑巢、多筑巢。也就是说人工养殖的关键是通过人工辅助越冬以提高胡蜂越冬成活率，获得大量可单独建巢的雌蜂。

胡蜂的人工养殖和喂食，在人工越冬和筑巢的过程中相对比较简单，但是人工持续育种和培养人工品种的技术难度和风险性很大。蜂王的繁殖率是否能够超过野生物种，不能够只根据以往的经验判断，而应该根据科学实验的结果确定食物的种类和配比，从而全面提高胡蜂的成活率，提升经济效益。

总之，胡蜂科学养殖管理就是在胡蜂养殖过程中，要确保养殖管理工作符合胡蜂生长发育的实际需求，尽量提高胡蜂的养殖产量，获得尽可能高的经济效益，使养殖工作进入良性循环。

第一节 选择适合养殖的种类

养殖胡蜂效益的高低是由胡蜂产品的产量和销售价格决定的。要人工养殖胡蜂，必须先确定养殖哪种蜂种。适合人工养殖的胡蜂一般都是经济价值高、适应能力强、建巢速度快、繁殖能力强的种类。但是，往往这些胡蜂的攻击性也特别强，存在一定的袭人风险。因此，如何解决好两者之间的矛盾，还需要深入地研究与实践。

常见的适宜进行养殖的种类有大胡蜂、凹纹胡蜂、金环胡蜂、黑绒胡蜂、黑尾胡蜂等。

在我国，目前胡蜂产量最高的是大胡蜂、金环胡蜂和黑绒胡蜂，其次是黑尾胡蜂和凹纹胡蜂等。价格方面，目前最高的是大胡蜂、金环胡蜂和黑尾胡蜂，每千克一般在 200～400 元，其他蜂每千克一般 160～240 元。

其中大胡蜂和金环胡蜂单窝（巢）蜂群数量最多、个体最大（大于黑尾胡蜂），更受消费者喜欢；其蜂毒量最多，蜂蛹、蜂幼虫产量最高；蜂王护仔性强，适应新环境快，移养更易成功，成功率甚至高达 100%（高于黑尾胡蜂），经济效益也更高。但是大黑蜂和金环胡蜂喜欢攻击捕食其他胡蜂，其巢距离人的安全距离至少需要在 50 米以上。海拔 1 700 米以下是养殖的黄金地带。

四川南部、云南北部很多人很喜爱养青米蜂、黄米蜂，其味道很好，蜂群很旺，一般不蜇人。但是其他地方很少有人养这种小的胡蜂。

第二节　胡蜂巢的寻找方法

胡蜂分布广、繁殖力强，是一种容易得到的昆虫资源。胡蜂在自然界主要生活于村寨、农田、山地、森林、果园等场所，这些场所食源、气候因素均适于胡蜂生长繁殖，并多分布在背风向阳山坡的灌丛、次生林和隐蔽的乔木上筑巢。每年 5 月前后，胡蜂就陆续迁移到树上进行筑巢，此时野生蜂群中的工蜂数量在 50～100 个，掌握了胡蜂的筑巢和生活规律，就可以积极寻找和追踪。寻找胡蜂蜂巢方法主要如下：

1. 直接寻巢　开春后到野外寻找，地点为向阳背风山坡、村寨、农田附近的土洞、树洞、灌丛等处，穿好防胡蜂服后用棍棒敲打或摇动树干，当发现有胡蜂飞出，仔细寻找可找到胡蜂巢穴。

2. 观察取料蜂　胡蜂筑巢需要不断地补充材料。工蜂筑巢喜欢以植物柔软的腐枝、树皮等为原料。在种有杉树、大叶桉、蓝桉、沙松、马缨花等树的地区，若发现树皮被工蜂取过，观察啃取树皮的工蜂运料方向，按其回巢方向进行仔细搜寻，比较容易寻到蜂巢，一般距离200～800米。需要注意的是，胡蜂并不能取料于新鲜的树木，一般树皮有了伤口，胡蜂才取料。

3. 观察取水蜂　在天气晴朗或阴天时，都会有胡蜂在小溪边等水源处不停地运水回巢，中午温度高时会多些。每只胡蜂一般都有固定的取水点。找到有水源的地方，仔细观察有无胡蜂取水，有则观察其返巢的方向跟踪寻找，取水工蜂会到就近的水源取水，距离一般看蜂飞行的高度，飞行得越高离巢越近，一般距离100～500米。

4. 观察取食蜂　胡蜂常在野外低空飞行猎捕小昆虫，花多的地方胡蜂也比较多。一般在花上、蜜蜂巢门前都容易找到觅食的胡蜂工蜂。金环胡蜂、黑尾胡蜂等大型胡蜂一般停留在蜜蜂蜂巢口扑咬蜜蜂。用串好食物的1米长的竹竿慢慢在胡蜂面前摆动，来招引觅食的工蜂，胡蜂对移动的物体感觉灵敏，并且食物有气味，很快能发现目标，飞到竹竿上取食，咬下肉团起飞，尾部排出带气味的液体或在旁边树枝上来回摩擦留下气味做标记，然后飞往蜂巢送食。

或者用一根长约1米的竹竿，顶端分开呈夹子状，夹入胡蜂食物如新鲜鱼肉、蝗虫、蜻蜓、剥皮的青蛙或青蛙腿、蚱蜢、畜禽肉等，到山坡或农田周围（最好戴上防胡蜂面网），当发现有胡蜂飞翔时，立即将竹竿伸出，让胡蜂找到竹竿食物。这时不要惊动它，轻轻把竹竿插在地上，让胡蜂自由取食，取食完后，胡蜂会在诱饵周围飞转几个圈，圈子逐步扩大，然后飞走，这是胡蜂在食物地点释放激素做标记。如果这样，说明胡蜂将食物送回巢穴后还会再次飞回取食。这时便用蜂标（拴有一丝容易远距离观察的白色棉花或者麻线绑上宽 30 毫米、长 50 毫米白色的塑料薄膜、小纸条等其他可标记物的麻丝做成活扣）耐心等待胡蜂第二次飞回取食，把第二次飞来取食的胡蜂身上套上蜂标仍让它取食（一般胡蜂在吃食物时，即使用手轻轻接触，它也只会稍稍移动继续进食不蜇人）。取食完后就会很快飞走，此时就可以分散观察，借助蜂标观察胡蜂在何处降落，从而发现胡蜂巢穴。蜂标垂直落下的地方，就是胡蜂蜂巢所在的位置。这种追蜂方式，在云南民间也称"瞄蜂""标蜂子"。如果第一次跟丢了胡蜂，还可进行第二次观察。也可借助望远镜观察，准确找到蜂巢。还可根据胡蜂来回飞行的时间来确定蜂巢离放蜂标处之间的距离。如果胡蜂第二次很快飞回，说明蜂巢较近，反之较远。根据经验，带蜂标胡蜂飞得越高，蜂巢越近，飞得越低，蜂巢越远。胡蜂再次带蜂标返回取食，说明蜂巢在树上，带标蜂返回标被截断，说明蜂巢在土里。这种方法寻找胡蜂巢穴，经济省力效果好，能很快找到蜂巢。

　　或者取少量诱饵，用少量棉花尽量摊薄摊开，前端搓成细绳，拴住肉团，线不外漏。用戴防蜇手套的手拿着棉花，用肉饵靠近胡蜂头部，轻轻驱赶，让其咬取肉饵。待胡蜂咬住肉饵抱起起飞时，松开放飞。用肉眼或望远镜紧盯胡蜂拖住的棉花团。胡蜂会在巢穴前几米迅速下降，在门前停住，当发现棉花不能进入巢内，会在门前 1 米范围内将棉花咬断扔掉。这样两三次，发现白色目标在同一地点停下，就是蜂巢的位置。

　　若胡蜂巢不远，在直线可视范围内，视线可以一直跟踪到巢穴边。如果胡蜂巢穴远，不能直视时，在胡蜂再次取食时，可以连饵串带胡蜂一起向巢穴方向快速移动至新诱蜂点，在原地留下另一串饵肉。以免被诱胡蜂来时找不到饵串，失去目标。在新诱蜂点重复上一步套蜂工作。也可以在第 1 个诱蜂点，用事先做好的带棉花肉饵团，当胡蜂叼住肉饵后，捏住棉花团，用戴着防蜇手套的手握成半圆形，让胡蜂停在或悬飞在手心中（只要不弄痛它，是不会蜇人的），向胡蜂巢穴方向快速移动，在视野好的地方放飞胡蜂，根据胡蜂落下的地点，再次判断胡蜂巢的远近和方位。在一个地点多次放飞后，胡蜂能找到新的诱蜂点（食源），如此多次逐步向胡蜂巢穴推进，直到发现蜂巢。

5. 观察蜂路　在山顶的垭口观测有没有胡蜂飞过，回巢的胡蜂飞行路线是直的，飞得较慢，有时嘴里叼有食物。出巢寻食的胡蜂飞得快速有力，呈S形飞行以便寻找食物，嘴里不会有食物。

尤论用哪种方法，找到胡蜂巢穴后，观察好蜂巢的出入口位置、大小、巢周边障碍物情况，为下步移蜂巢做好准备。

第三节　蜂巢的移养方法

由于胡蜂具有很高的营养价值和经济价值，西南省份的一些农民根据传统采集胡蜂的经验，对一些种类的胡蜂进行传统的移蜂巢养殖和人工辅助养殖，主要采用从自然界中发现和转移蜂巢的方法，将蜂巢移至农家附近照料养殖。夜晚的时候，则用蜂笼将白天找到的整窝胡蜂移到自己家附近养殖。

一、移取

1. 地下、建筑物、岩石上胡蜂巢的移取　地下的胡蜂巢没有可移动的树枝，移取时需分几步完成。穿特制的防胡蜂服，戴好防胡蜂手套，准备好所需要的工具。先用铁铲等从胡蜂入地口周边开始小心刨开围土，剥离去除石块、土壤，使蜂巢暴露出来，将蜂巢出入孔用棉花团塞住；用事先准备好的长50～80厘米的一头削尖、粗1～2厘米的结实木棍将胡蜂巢穿透（用此木棍为蜂巢加上一个把柄做支撑物）；抓住穿透胡蜂巢的木棍，用锋利薄刀等迅速分割蜂巢与原固定物的结合部，将胡蜂巢与原固定物分离，利用木棍将取下的胡蜂巢原地悬空固定，取下棉塞；待蜂群将新插木棍与蜂窝结合部及胡蜂窝受损部位修复后，再开始移放寄养。胡蜂巢修复需要几天到十余天，蜂巢移取要几个晚上分步完成。建筑物、岩石上胡蜂巢的移取，除不需暴露蜂巢外，其他步骤相同。

如果蜂巢外壳被弄破了，蜂脾完全露出时，需要用木棍从两蜂脾间穿过，使木棍与水平放置蜂巢离地固定放置数天，待蜂巢被胡蜂修复完整后，再移放寄养。

取土里的蜂巢也可以先收工蜂。穿好防胡蜂服，戴好防胡蜂手套，准备好工具，在晴天的夜晚先用小沙袋堵住蜂巢进出口，清除胡蜂入地口周围的杂草、树木和石块等杂物。取走小沙袋将蜂笼口对准工蜂出口，用泥土快速堵严出口周围，防止工蜂爬出蜇人，用强光电筒照射蜂笼口和蜂巢进出口处，蜂巢内的工蜂受到强光刺激后从进出口进入蜂笼。用铁铲、锄头用力拍打蜂巢上方的泥土，使蜂巢内的工蜂受声音和震动的刺激，快速出来攻击，会飞的工蜂就会进入蜂笼。还可以向蜂巢口吹风骚扰工蜂，最好光照、拍打和吹风3种方法同时使用，这样工蜂出巢快，进笼也快。一般经过10~40分钟，会飞的工蜂进入蜂笼后，收起蜂笼，用稻草、树叶或布快速堵住蜂笼口，将蜂笼放在较远的黑暗无光没有震动的安全地带。工蜂收完后再挖蜂巢。对于在土里的蜂巢，用铁铲或者锄头，从蜂巢进出口挖开蜂巢附近泥土，露出蜂巢，戴防胡蜂手套将剩余工蜂从蜂脾上全部取下，从蜂笼侧面的小孔放入蜂笼中。双手轻轻地取出蜂巢，不要伤害蜂王，蜂巢仰放入铁纱网袋扎好口。

2. 树上胡蜂巢的移取 每年夏季，自然界有大量的胡蜂如凹纹胡蜂在树上或藤条上筑巢，经过人工捕捉后可移回家中饲养（图4-1）。移巢时间为晴天天黑后，此时出巢蜂都在巢里面，而且夜晚胡蜂攻击性较弱，蜂巢直径在20厘米以上最好。蜂巢较小时，蜂王会返回初筑巢中产卵，移回的蜂巢中无王；工蜂数量少，从而影响其生长速度。在迁移蜂巢时，人接近蜂巢处，先在离蜂巢下10厘米处捆上苦蒿或胡蜂厌恶的其他植物，阻止工蜂往下爬。使用爬树工具轻轻爬上树，用枝剪、锋利的刀或钢锯从远到近把蜂巢周围多余的细树枝轻轻修剪干净，注意不能惊扰蜂巢，如果在清理过程中，胡蜂受到震动，会出来攻击，这时人要在原地静止不动，等一会儿蜂群平静了再继续工作。如果蜂巢附近障碍物较多一晚上清理不完，可以多个晚上清理。如果在清理时，出来的胡蜂较多，一时不可能都完全回巢，安全起见可以回去改日再来移巢。

等蜂巢完全裸露时，用棉花团塞紧出入口，再用大厚床单将蜂巢全部包好，防止胡蜂从巢内飞出蜇人。用细齿手锯轻轻锯下带巢树枝的上端部分，用手托住枝条和蜂巢，锯断枝条基部，两端各留 20～50 厘米，用绳拴住树枝轻轻吊放到树下带回。

图 4-1　树上的
胡蜂蜂巢

移植注意事项：锯剪蜂巢时动作要轻。从树上往下放蜂巢时，最好不要让蜂巢碰到树干或枝条。为了在途中不逃蜂、不蜇人，要用纱布包裹蜂巢或将巢口堵住。移植蜂巢时，最好是 2 人以上协作，下雨时工作很不方便，最好不迁移，待天气晴朗时再迁移。

3. 桃叶熏晕法移取　对于在土里或者草丛中不在树上做巢的凹纹胡蜂，采用直接移取或桃叶熏晕的方法。桃叶熏蜂广泛流行于四川南部至云南北部等地，一般在晚上进行。白天摘取新鲜桃叶，夜晚抓蜂前半小时将桃叶捣碎，放置于一端小开口的竹筒里面，竹筒粗细以人口能够含住为宜。用量可根据蜂巢大小和工蜂数量酌情确定，蜂巢大的用量大，初次使用者宜多不宜少，但要保持竹筒畅通。天黑之后，来到胡蜂巢前，用装有捣碎桃叶的竹筒对准蜂巢口或者蜂巢洞口，向蜂巢里面吹桃叶气味熏蜂，熏至胡蜂脚还在动弹，但是不能飞、不能蜇人为止。吹得过多可能会熏死胡蜂。注意使用该方法胡蜂苏醒较快，只适合于短距离移巢。如果蜂巢离家距离远，回家绑胡蜂巢上梁的时候，很多蜂已经苏醒，此时不宜二次熏蜂，应摸黑上梁或者弱光下上梁，防止因再次熏蜂造成胡蜂被熏死。对于青米蜂、黄米蜂均可采用桃叶熏晕法。

二、移养

1. 土中筑巢蜂类 在山坡上挖一人工洞穴，将取回的蜂巢养在土洞中。用 1 根铁丝穿过蜂巢顶端基部，绑在长 1 米，直径 5 厘米的木棒中间位置上。木棒横在事先挖好的土坑中间，然后回填细土至蜂巢下面 5 厘米左右处，再用挡板封闭土坑前面，用稀泥密封木板之间的缝隙，留工蜂进出口；上面盖上盖板，板上倒上 25 厘米泥土，中高四周低。抽掉蜂笼口的塑料袋，蜂笼口对着新蜂巢出入口。在土洞内老蜂王气息的吸引下，所有工蜂在 50 分钟左右全部进入土洞，等工蜂全部进入土洞后拿走蜂笼。

2. 树上筑巢蜂类 凹纹胡蜂等树上筑巢种类可悬挂于易于管理的树上或养在自己家的房前屋后的树枝或者房梁上（常见村民将取回的蜂巢直接放在房顶）。

到饲养场后，再把蜂巢悬挂固定在树上，注意蜂巢不能倒置，要与地垂直，蜂脾与地面要平行，出入口朝外。解开包袱，取掉塞孔的棉花团。蜂巢上方应使用石棉瓦等遮阳，避免阳光直射。

近几年来，寻找野生蜂王的人越来越多，而野生蜂王数量有限，因此搜索蜂王难度很大。捕蜂者一般都会尽早到山林中搜捕野生蜂王。然而搜捕蜂王及蜂巢的时间越早，野生蜂群中的工蜂数量就越少，蜂群养殖成活率就越低。例如，据云南郭云胶等的经验，云南 5 月底蜂群有 70 只左右工蜂时，蜂群养殖成活率可达 100%；5 月中旬蜂群有 30 只左右工蜂时，成活率只有 80%；5 月初有 20 只左右工蜂时，成活率仅有 20%；4 月底有 10 只左右时，成活率只有 10%；4 月中旬有 6 只时，成活率低于 1%（图 4-2）。在 4 月中旬以前在山林中找到的野生蜂群，只有 2～8 只工蜂，这样的蜂群基本上养不成功。因此，5 月中旬以前的寻获蜂王的行为对胡蜂资源危害很大。近几年来寻找蜂王的人越来

越多，野生蜂王的安全受到极大的威胁。很多人的养殖经验并不
丰富，到山林中寻找野生蜂王之后，胡蜂养殖存活率不高，浪费
了大量的胡蜂种源。

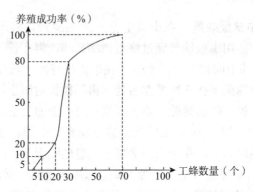

图 4-2　工蜂数量对蜂群养殖成活率的影响

　　目前比较成熟的移养模式有：土洞养殖、树筒养殖、砖砌养
殖、圆竹箩筐养殖等几种方法。目前洞穴养殖中，挖窑洞养殖大
黑蜂的模式不利于取蜂蛹而且回填泥土也麻烦，产量也不高，所
以基本被淘汰。现在比较通用的方法是直接从地面上像挖水井一
样挖圆柱形洞穴，这种模式方便取蜂蛹、回填土、铺设覆盖物，
产量也高，实用方便。竹箩筐养殖适用于土里石头多、页岩较多
的地方。石头多的地方挖土洞很费力；页岩多的地方 7～9 月下
雨天，洞穴里面容易浸水、垮塌，蜂巢容易发霉。所以需要采用
树筒、砖砌洞穴、竹箩筐养殖。而树筒不易掏空，砖砌洞穴养殖
效果不好，只有竹箩筐养殖方便实用，而且保温透气、不会发
霉，效果好于木缸、木箱、木筒养殖模式。

　　以上这种传统移养方法一直沿用至今。在云南、贵州等许多
山区比较多见，但规模小，养殖技术落后，经济效益很低。严格
来说，这些方式不算真正的人工养殖，只是人工迁移了筑巢地
点，有利于收获和管理。由于缺乏对胡蜂生物学特性的了解，在
养殖密度和地点等方面认识局限，没有饲喂食物，养殖成功率并

不高，养殖效益低，而且都是建立在破坏生态的基础上进行的。

要想提高胡蜂养殖成功率，必须人工投喂食物饲喂胡蜂群。胡蜂移养至新巢后的前半个月，每天 6:30 左右给蜂群投喂活虫或屠宰场的下脚料如胎牛肉、牛肝等，下午 17:30 左右取走没有吃完的食物。经过半个月的喂养蜂群壮大，喂食时可能会攻击人，所以喂食时要注意人身安全。以后每日喂食量以所喂食物当天基本吃完为宜。食物不充足则蜂群生长不好，剩下太多则浪费。

黑尾胡蜂的移养成功率可达 75% 以上。蜂群移养失败有两种可能，一是蜂王质量差或移养过程中受伤；二是移养过程中失去蜂王或蜂王死亡。

第四节 野外捕捉方法

在春天野外活动的胡蜂，都是在冬天越冬前交配过的雌蜂，捕回即可养殖。现把捕捉方法介绍如下：

（1）胡蜂常出没在花多的地方，栗树类被天牛等幼虫蛀食而流出汁液处，小昆虫比较多的草丛和树木，有动物尸体的地方和蜜蜂养殖场所。捕捉多选择在无风的晴天进行。

（2）如发现胡蜂在空中飞舞，只要挥动捕蜂网，待蜂入网后，迅速将网底向上甩，连同蜂倒翻到上面来，然后放入驯养笼内，让其自己飞出即可。

（3）如见到胡蜂在花朵上，应轻轻走近再惊动它，待胡蜂飞起时迎着胡蜂猛挥捕蜂网，准确地将其捕入网内。这样操作可以避免将花朵一同挥进捕蜂网里。

（4）如遇胡蜂停落在有刺的植物上，必须要等胡蜂飞起后再捕，如果不待其飞起就用网捕捉，植物上的刺会将捕蜂网拉破。

将捕得的雌蜂放进养殖棚（笼）后，棚（笼）内即放朽木等纤维性物质（供雌蜂建巢用），并投喂清洁的水及液体饲料。一般投喂方法用吸水滤纸或脱脂棉花浸蘸液体饲料成饱和状态后，放入玻璃器皿中供食。这种供给方法的缺点是：极易蒸发、干燥、污染、霉坏等。为了避免上述缺点，可将水和液体饲料先装入瓶中，再将瓶倒置在铺有吸水滤纸及脱脂棉花的玻璃皿中，通过渗透作用来供给胡蜂觅食。

在棚（笼）内根据捕得的雌蜂数悬挂相应数量的空蜂箱（供胡蜂建巢用）。一般当温度恒定在17℃以上时，胡蜂开始飞入悬挂在养殖棚（笼）中的空蜂箱内建巢产卵。此时的雌蜂除建巢产卵外，还负担捕食饲喂幼虫任务。幼虫变成蛹后，约再经15天即可羽化成成蜂。第一代成蜂承担建巢哺育幼虫工作，原来的雌蜂只管产卵。此时的胡蜂恋巢性极强，一般不肯再脱巢飞去。随着巢上的蜂群及幼虫陆续增加，此时要有足够的人工饲料、蜜蜂或蚂蚱等昆虫作为食物。如食物不足，胡蜂会自食其幼虫。

第五节　自然越冬

胡蜂自然越冬时间与所在的海拔高度、食物来源是否充足等有关系。一般情况下，海拔2 000米以上的地方冷得早，胡蜂越冬开始时间大致为11月初至11月中旬，海拔1 600米以下冷得迟，为12月初至12月中旬越冬。在海拔高度一样时，如果有充足的食物，胡蜂的越冬时间常会推迟1~2周。判断胡蜂开始准备越冬的时间和特征是：出入巢穴的胡蜂明显减少，飞行缓慢，巢穴周围不断有成虫沿着树梢环绕飞行。

在越冬前10天左右，最好为其提供7天左右50%的蜂蜜（0.2%复合维生素溶液：蜜＝5：5）或者40%的葡萄糖溶液（0.2%复合维生素溶液：葡萄糖＝6：4），可以提高胡蜂越冬存活率。如果在养殖场所周围1千米^{2}内有充足的蜜源（如麻栎或蓝桉），则不用供应蜜水或者糖水，同时在越冬半月前应该逐渐减少食物的供给量，如果出现了越冬特征，可以停止供食。

在秋末初冬，如果有几种使它们能维持生命，并能使它们安全越冬的花蜜或含有较高糖分的浆果、树汁也非常有用。在蜜源和树汁比较充足的地带，胡蜂越冬后的存活率会成倍提高。

胡蜂喜欢在向阳、背风地方的枯树或有较厚的栓皮的树洞中躲藏越冬，或者草堆、比较厚的干草丛之中躲藏越冬。因此，要尽可能在胡蜂养殖场周围人为制造一些适合胡蜂越冬的环境如树洞和草堆。同时，在养殖场所周围的土坎、地边尽量多做一些人工洞穴，尽早及时地制作少量胡蜂饲料供给冬眠的胡蜂食用，这样也会为它们创造越冬的生存条件，使它们在养殖场中自然繁殖得更好，蜂蛹产量更高，从而得到理想的经济效益。

第六节　越冬蜂王的采集和人工辅助越冬

在胡蜂人工养殖中，最关键的技术就是解决雌雄蜂交配以及在冬季进行相应的越冬保护工作，保证雌性胡蜂能批量安全过冬，并且帮助雌性胡蜂在春季多筑巢、产卵、育第一批工蜂。

每年9月底到11月初，在秋末气温降至8℃左右时，受精雌蜂就开始集中脱离旧巢，直接迁移到适宜的场所群集越冬，此时是收集群蜂最为适宜和有效的时期。

胡蜂的人工越冬可以在霜期来临之前一周进行。此时于夜间趁胡蜂不活动时（夜出型胡蜂要在白天进行），主要是借用捕虫网或带活动推拉门的蜂箱在群蜂的越冬处收集整巢（群）的胡蜂，这时所有的胡蜂不分公母一律收集纳入。将蜂群迁移到孔径较小的铁纱或木制的有充分活动空间的蜂笼中，一般每个立方米的蜂笼可放入300~500只胡蜂，蜂箱（笼）确保将其放置在通风干燥的位置后，集中放到蜂棚内群集越冬，或者在夜间把蜂巢迁移至10米^{2}的带有玻璃窗的封闭空屋内，到中午后，迅速将蜂王收集到蜂笼内。

另外，也可提前于9月中旬在原巢上采收，放入蜂笼或蜂箱中，利用群蜂向上的习性，在蜂笼的底部有效投放熟透的苹果、桃和水分较多的青菜、添加有0.2%复合维生素溶液等食物。在中午气温较高的情况下，利用阳光晒3~4小时，从而提升其活动次数并使其取食，这样虽然推迟了休眠期，但由于补充了营养和能量，为胡蜂的安全越冬和后续的养殖顺利进行提供了保障。

取蜂王阶段以及冬眠前期的主要喂食：到 11 月左右，大多数养蜂人为了方便获取蜂王，把整窝的胡蜂搬回家，饲养在大棚里，一些人觉得这样养殖成本太高，不划算。其实这个时候，大多数胡蜂蛹都已经成蜂了，好多工蜂因为不用喂食蜂蛹已经没有了捕食积极性，飞一圈然后停留在大棚上缺乏活动，吃的也就比较少。在这个时候主要喂食水果、蜂蜜或是糖水，一定要保证蜂群够吃，如果有条件，也可以适当喂点肉类，就这样一直喂到大多数工蜂死去，然后把蜂王集中起来，这个时候同样也是喂 0.2% 复合维生素浓度高一点的蜂蜜水和水果，保证蜂王的营养补充，因为在过冬的时候需要消耗大量的体能。

需要注意的是，在养殖胡蜂的过程中，为了有效地避免胡蜂群出现脱巢后不易寻找的问题，要结合实际情况整合处理时间，提高蜂笼管理的安全性。

1. 低温越冬　这些越冬蜂一般以 300～500 只为一个群体，集中放于白色蜂箱（笼）中，蜂笼外面要用厚黑纸或黑布罩住遮光，既有利于干燥通风，保证胡蜂不会受到外界因素的影响和干扰，也能有效减少胡蜂的活动量，确保其能尽快进入冬眠状态。饲喂一次蜂蜜水后，放置在或挂在干燥、通风、不受干扰、无鼠害和其他天敌的空室中或地下室内均可，保持室温在 4～5℃，促使胡蜂抱团越冬，提前进入冬眠状态，避免胡蜂体内营养过多消耗而造成死亡。也可放在畜棚内、屋檐下等气温接近大自然的处所，只要气温不低于 -8.5℃，也能安全度过冬天，但笼内要有足够的空间，而且尽量保持笼内干燥。

2. 保温越冬　蜂笼笼内需要装有温、湿度计并开有观察窗口。蜂笼要放置在 1.5 米高的木架上，木架上垫上 5 厘米厚的稻草，笼内底部放置 5 厘米厚、10～15 厘米长消毒过的稻草，在笼底一角放置一片滤纸，滤纸与笼外供给食物导管相连，周围用经过暴晒再湿润处理过的稻草覆盖 4 厘米，稻草以手摸感觉柔软而不湿为度。供给 50％的蜂蜜及 0.2％复合维生素溶液 200 毫升左右，每天中午以 5 滴/分的速度供给笼内滤纸上 2.5 小时让胡蜂吸食。笼内温度保持在 5～9℃，相对湿度保持在 55％～65％。如果湿度低于 55％时，可在日光照射下用喷雾器向覆盖的稻草表面喷适量水来增加湿度。若湿度高于 65％时，可以在日照充足的情况下，减薄覆盖的稻草，让日光照射来降低湿度。到霜期结束一周后再次少量供给食物（30％的蜜及 0.2％复合维生素溶液或人工配制的胡蜂食物均可）4 天，然后逆时针方向每天去除 20％覆盖的稻草，5 天后打开蜂笼看越冬情况。

也可以将小蜂笼外套大蜂笼（或者小蜂箱套大蜂箱），两蜂（箱）笼间用碎麦秸或棉花等保温材料填充，并将蜂笼放在空室内避风处越冬；也可将蜂笼放在通风性好干燥的地窖等地方越冬，笼中的湿度不宜过大，温度不宜高于 8℃。只要笼内温度能保持在 4～9℃，即可安全过冬。保温过冬处理得不好，蜂群进入半休眠状态慢，散蜂多，体力消耗大，越冬后死亡率高，筑巢能力差。

对于野外蜂箱里饲养的胡蜂，秋后当田间作物枯萎，野外食物稀少时，可将野外饲养的蜂连箱移入蜂棚内。在棚内为雄蜂和雌蜂提供食物、添加有 0.2％的复合维生素溶液和准备交配场所。当雄雌蜂交配后，用食物补充体力后即可进入冬眠状态。在蜂棚内放置越冬树筒等容器可吸引越冬蜂进入其中抱团，这种方法可使越冬蜂越冬时不往野外飞，而且蜂棚内越冬条件良好，成活率明显提高。

由于胡蜂本身就是半冬眠的昆虫，冬眠期的活动，随气温高低而改变。因此一般气温降至 5℃左右时，胡蜂就开始出现抱团，气温越低，其抱团越紧越明显；只要是气温稍有所回升，则抱团就会出现松散缓解，外层会出现散蜂；温度高于 7℃以上时，胡蜂就逐渐开始出现散团。越冬后胡蜂的实际成活率的高低，主要与抱团好坏有关。

越冬期间蜂王需要尽可能保持在低温恒温下冬眠，温度高了蜂王会苏醒起来活动觅食，长时间在温度高的环境中越冬的蜂王会提前苏醒。越冬期间时常出来活动，越冬不稳定，在这种环境下越冬出来的蜂王，正常苏醒后，蜂王体质也会很差，进食固体食物少，死亡率很高，筑巢率低。所以越冬环境一定要注意低温恒温，不要忽高忽低，一般要选好越冬场地或对越冬棚做恒温措施保护，越冬措施保护可以用稻草把越冬棚四周和顶部围起来，或用稻草直接盖好越冬树筒，盖遮阳网降温恒温都可以，温度控制在0～12℃，湿度在50%～65%。符合这种越冬条件下冬眠出来的蜂王体质很强，成活率很高。

胡蜂进入半休眠状态（7℃左右），一般停止取食，也就不用再供食了，但要定期检查，如果笼底无新鲜粪便排出，则不需要添食物喂养。在越冬期间，最好也定期检查，需要养殖人员结合实际情况进行正确处理，确保及时观测记录，科学分析蜂箱里的现象。蜂箱笼每隔10～15日就要进行1次抱团情况检查和分析。如果发现有散团现象（有散蜂在团外爬动），就要及时降温或者是利用遮光外套进行全面处理，让其抱团。也可以放在阳光下晒3～4小时，使其活动并以0.2%复合维生素蜂蜜溶液饲喂，增强其体力。饲喂后应及时采取降温措施使其重新休眠，加厚遮光外套。气温下降后蜂会自然进入抱团。越冬期一定要注意防止昆虫和病害，也不要频繁打开。每年的2～3月要分析其集中的情况，确保越冬抱团效果和饲养过程的有效性。

3. 枯木桩越冬 目前多仿照胡蜂自然条件下在枯树洞里越冬习惯，在枯木桩上打孔，将交配好的胡蜂放入，然后用泥、牛粪等材料将孔口密封，此方法胡蜂越冬成活率高，可达90%。但是注意在保证温度的前提下，孔口不要封闭太死，否则胡蜂越冬结束后死亡率会较高，这可能与越冬空间较小，空气不流通二氧化碳浓度过高导致胡蜂窒息而死有关。

在温室蜂棚的越冬胡蜂，则需要经常补充饲料。如果成活雌蜂达到50%以上（工蜂成活少属于正常情况），说明人工越冬很成功；如果成活蜂王不到20%，说明人工越冬不好，原因主要是温度、湿度过高或过低。

4. 越冬散团后饲养管理　第 2 年春天 3 月上旬气温回升到 10℃ 以上时，越冬蜂就开始散团，在笼壁活动。此时是越冬苏醒之后的生理恢复期。恢复期一般为 7～10 天，这个阶段是胡蜂成活的关键期，因此要注重人工喂食饲养。此时，应先马上提供添加有 0.2% 复合维生素白糖蜂蜜溶液，再投入胡蜂人工饲料、苹果、糖水拌馍等代饲料，最好能准备好人工饲料和提前培育活虫，或喂以鲜猪肝等肉类饲料，越冬蜂会不断取食，以增强体质，否则会因食料不足，体力衰竭而大量死亡。早春气温忽高忽低，应注意保温，如果不人工筑巢，待喂养至 4 月中旬，笼内胡蜂正常活动一段时间后，才可放胡蜂出笼让其飞回野外筑巢。

第七节　人工繁育蜂王与小蜂群

　　人工繁育蜂王是繁殖胡蜂的核心技术，有了养殖的胡蜂越冬蜂王，才能有机会进行胡蜂繁育筑巢，因此这是整个胡蜂养殖业的基础。郭云胶等介绍了具体方法，即采用科学的方式筛选健康的蜂王以提高蜂王质量，提高蜂王的越冬成活率。人工繁育胡蜂蜂王可以大量供应优质的蜂王种源，免除了胡蜂养殖者到山林中灭绝式搜捕野生胡蜂王的艰辛工作，从而保护了胡蜂资源和山林的生态平衡。

　　繁育蜂王需要搭建交配大棚、蜂王越冬大棚、蜂王筑巢大棚 3 种大棚（这三种大棚也可以共用一个大棚）或者建造胡蜂房。在大棚或蜂房内进行雌蜂及雄蜂批量羽化、交配、蜂王越冬、筑巢等操作，然后将人工培育成的完整的小蜂群（带蜂巢和工蜂的蜂王）供给养殖户养殖。

　　在交配大棚或胡蜂房建立好后，越冬雌蜂要在农历十月中旬移入里面。注意对雄蜂和雌蜂进行区分且不能伤害到越冬雌蜂，在交配和筑巢过程中尽量使用价格实惠的食物，蜂王的食物也要充足。

或者整巢购买蜂群旺盛的野生胡蜂，养殖到11月初蜂群开始交配时，收集雌、雄蜂。在夜晚用蜂笼将绝大多数的工蜂收走，将蜂王所在蜂脾和最上面的蜂脾及附在上面的雌、雄蜂，刚羽化出来幼工蜂一同装入透气的编织袋中，再将附在其他蜂脾上的雌、雄蜂逐个小心装入蜂笼中。迅速运送到胡蜂交配大棚中，将王脾上未化蛹的幼虫取走后，将蜂王所在蜂脾和最上层蜂脾固定在交配大棚中，打开蜂笼，让雌、雄蜂爬出，这样大棚中就有刚羽化出的雌、雄蜂，幼工蜂和蜂王所在蜂脾上的正在羽化的蛹。

一、交配的注意事项

胡蜂幼虫、蜂蛹的养殖产量取决于胡蜂王产卵的数量。因此，专门的繁殖蜂王需要搭建胡蜂交配大棚或胡蜂房，使雌、雄蜂在里面获得足够的交配机会和时间，保证蜂王腹内受精卵数量充足，减少劣质蜂王。无论采用什么方法育种，都应该注意以下事宜：

（1）移入棚后的管理　少量育种时，移入棚后要及时剥取封盖蛹，让其早日羽化成蜂出来交配。胡蜂大量育种时，每次在一个交配大棚或胡蜂房的交配单元里只能放2～3窝胡蜂蜂巢。雌、雄蜂群集在大棚中阳光直射的一端自由交配，交配行为没有人为因素影响时，交配时长一般持续3分钟，最长时间可达8分钟，交配时段一般集中在每天10:30～15:30（图4-3）。其中凹纹胡蜂交尾过程会持续3～25分钟，大部分在3～16分钟。阳光明亮天气晴朗时，从太阳出来到太阳落山，都有胡蜂在交配，天阴下雨胡蜂不会进行交配。

雌、雄蜂在交配单元限定的空

图4-3　胡蜂交配

间里遇到的交配机会大大增多，基本上全部的雌蜂都可以得到交配。交配时间短于 1 分钟的蜂王，越冬以后其筑巢、产卵的过程都正常，但会因为受精少而早早产下未受精卵出现雄蜂。如果第一代就开始出雄蜂或第二代开始出雄蜂，会导致蜂群在 7 月初即早早衰败，蜂蛹产量低，养殖效益很低，这样的蜂王是不宜使用的劣质蜂王，具体原因与交配不完全、时间过短有关。这一现象主要出现在金环胡蜂中，凹纹胡蜂中也有较大比例。交配时间在 2 分钟以上的为优质蜂王，解剖观察其储精囊明显可见，反之则不明显。当然也有些更劣质的雌蜂产卵很少甚至不做巢。

胡蜂雌、雄蜂均有多次交配习惯，养殖户可以通过人工干预的方法部分解决金环胡蜂交配不充分问题（图 4-4）。其方法是用手抓住交配雌蜂，不让其啃咬雄蜂，以保证雄蜂有更长的交配时间，胡蜂多次交配可以接受更多雄性个体的精子，也增加了子代的遗传多样性。一只交配完可以再换一只雄蜂再交配一次，但也不可受精过多，否则受精雌蜂储精囊会破裂而死亡。

图 4-4　人工干预交配

交配蜂放入交配大棚后，应该用盘子盛放食物在棚里面供所有蜂自由取食。具体就是给交配过程中的雌、雄蜂提供干净的清水、人工饲料、蜂蜜水、白砂糖水、甘蔗水、甜苹果等含糖食物和含 0.2% 复合维生素等食物，还需提供矿质微量元素，提供蜻

蜓、蝗虫、蟋蟀、各种鲜瘦肉等含高蛋白质食物。如果食物不充
足，雌、雄蜂交配就会不积极，蜂王将来在蜂巢中产卵少，导致
蜂蛹产量低，养殖效益低。

（2）蜂巢入棚后每隔四天轮换一次蜂巢　大量育种时，蜂巢
更要每隔四天轮换一次，这样可以降低喂养成本，同时让未成熟
的处女王、雄蜂继续在自然环境下成熟。蜂巢入棚的前四天，成
熟的处女王和雄蜂配对成功的比较多，4 天以后陆续减少，这时
就应该及时轮换蜂巢入棚，让棚里面随时都有健壮的处女王和雄
蜂参与育种。

（3）交配成功的配对蜂及时撤离　如果只是培育几十或
100~200 只，蜂巢入棚交配 1~2 天，配对成功的蜂王数量挑选
够了，可以及时把蜂巢里面的蛹取了，老蜂直接拿去泡酒，以节
省成本。成功交配的蜂王要及时越冬。

（4）蜂群长期闭锁繁育会退化，每年应当引进野生或外地优
质蜂群杂交复壮育种。

二、大棚越冬

每年的 11 月中下旬将交配好的蜂王小心地从交配大棚中人
工移到越冬大棚里越冬。到翌年的 3 月初，蜂王在竹筒、枯树
筒、老蜂巢和人工制作的越冬桶里的越冬成活率较高。枯树筒内
放大黑蜂 150 只或凹纹胡蜂 250 只为宜。

交配和越冬共用大棚的，需要将交配大棚建在寒冷潮湿中午
时段阳光可以照射的山谷环境中，在交配大棚中遮阳端再建造多
种越冬设备和防止雨淋的设备就可以了。雌、雄蜂交配后让蜂王
在大棚里自己寻找适合的越冬地方，天气变凉、有霜后蜂王自己
会钻入其中静止不动冬眠越冬，耐心等待，不要人为捕捉进去
（胡蜂自己寻找的越冬场所更适合，越冬成功率高）。

蜂王越冬成功率与越冬地方的结构、湿度、温度、透气、光
照、声音等因素有关，越冬场所温度要尽可能保持在 8~13℃，
空气相对湿度在 50%~65%，在黑暗、透气、寂静的环境中，

蜂王越冬效果最好。越冬期间需要防止蚂蚁、老鼠危害，也不要频繁打开观看越冬情况，防止改变越冬小气候带进病虫害，影响越冬效果。

三、越冬后管理

蜂王越冬苏醒后，有 7~30 天的生理恢复期，具体时间的长短和温度有关，在此期间需要人工帮助恢复蜂王体能，才能使其具有更好的筑巢的能力。

蜂王放入筑巢箱的时间，应该在其从越冬处出来后在棚内放飞 10 多天恢复体力之后。不要在越冬结束之后就直接放入筑巢箱中，筑巢箱空间过小不利于胡蜂活动，更无法飞行，这是导致胡蜂死亡率高和后期不筑巢的原因之一。

如果将刚越冬苏醒的蜂王直接移入筑巢室中，蜂王的许多生理方面还处于越冬状况，经过长期冬眠的蜂王体质极差，飞不动只能四处爬行，如果找不到食物会逐渐饿死。

因此 3 月初看到越冬室中的蜂王开始活动时，应该集中饲喂。刚解除越冬状况苏醒的蜂王要补充蛋白质。一般刚苏醒的蜂王要在越冬室附近提供 0.2% 复合维生素淡蜂蜜水，具体浓度在 1：（4~5）。让蜂王从越冬室中慢慢爬出取食，取食后又爬回越冬室中继续越冬状况；喂食两天后浓度适当调浓一点，浓度为 1：（3~4），还需每天放小蜜蜂 3~4 只，或放蟋蟀、苹果、白砂糖水、各类瘦肉、蝗虫、矿质元素等食物。

夜间要做好保温措施，有条件的可用温控设备精确控制。蜂王苏醒后棚内温度尽量控制在 15~26℃。白天还要有适度的太阳光散射，但注意不能让阳光直射暴晒。

这样让蜂王经过 7~30 天自由取食的过渡期，蜂王的各项生理指标得到恢复，成为有能力飞行、捕食的蜂王。当蜂王肚子变大，飞行活跃，开始相互打架，应该立即将蜂王移到筑巢箱单独关养做巢喂养。经过过渡期的蜂王再移入筑巢室中，绝大多数可以成活。

四、筑巢、产卵及小蜂群培育

参考野生胡蜂蜂王在野外土洞环境中筑巢的行为，将经过自由取食一个月的越冬成功的蜂王分别移入竹筒或枯树筒、空心砖或人工土洞中筑巢。筑巢场所温度需要控制在 20～26℃、湿度35％～50％，能透散射光，保持通风透气。

蜂王和工蜂在筑巢室里筑巢需要人工放置含有一定水分的杉木树皮及多种枯树皮做筑巢材料。发现蜂王开始啃咬树皮，嚼咬成小团抱进筑巢室时，说明蜂王开始筑巢了（图 4-5）。

图 4-5　凹纹胡蜂开始筑巢

刚刚筑巢的蜂王胆小怕惊扰。在刚筑巢的前三天，尽量少搬箱察看或打开观察孔察看，防止蜂王弃巢。筑巢 3 天后，每周检查一两次即可，不要天天察看惊扰。这期间一定要供应充足液体食物，筑巢第 12～14 天后，卵已经孵出幼虫了，开始吃固体食物，此时人工饲料或者蜜蜂、蚂蚱等昆虫要供应充足。

蜂王在筑巢室中取食、筑蜂巢，然后在小蜂房中产卵，蜂王取食喂养幼虫，幼虫发育成工蜂。首批 3～5 只工蜂羽化出来后，继续给筑巢室中工蜂和蜂王提供食物、筑巢材料，保持筑巢室18～22℃的适宜温度、65％～70％的适宜湿度、自然光（不能阳光直射）等条件。工蜂在蜂王的带领下取食人工提供的食物并喂养幼虫，学会咬取筑巢材料筑新蜂巢。蜂王继续产卵，培育新工蜂，当筑巢室中的工蜂数量达 20 只时，成为可以移到野外环境中养殖的小蜂群。管理好的蜂王培育成小蜂群的成功率可以达到 70％以上（图 4-6）。

科学养殖胡蜂要注意温度的控制和饮食的控制，在已经筑巢产卵并且有少数工蜂的时候都是需要人工喂养的。如果已经有工蜂时可喂人工饲料、蝗虫、40％～50％的蜂蜜水、活的蜜蜂；有 5 只工蜂之前建议不要喂肉（牛肉、鸡肉）；多于 5 只工蜂以后可以喂没有脂肪的鸡肉或牛肉。喂水供料时将添加 0.2％的复合维生素的液体饲料装入瓶中，再将瓶倒置在铺有海绵、

图 4-6　凹纹胡蜂小蜂群

吸水滤纸或脱脂棉的器皿中，胡蜂会自行觅食。需要注意的是，蜂蜜一定要买真的，不要为了贪便宜，喂食一些价格低廉质量不过关的饲料，导致蜂王营养不良，产卵能力下降，降低经济效益。胡蜂育种过程中，要注意卫生和防止病虫害的发生，大棚和温室内要保持干净卫生，没有杂物，不要给胡蜂喂食变质的食物，以防止胡蜂生病。

五、大树筒养殖

自然界中金环胡蜂、黄腰蜂一般在泥土中筑巢，蜂巢内的温度在 27℃左右。因此，养殖户将金环胡蜂、黄腰蜂养殖在保持 27℃的地面上的大树筒或者水泥管中也可以成功。

金环胡蜂等养殖在大树筒环境中，最大的好处是比在土洞中养殖取蜂蛹方便，适合于规模化批量养殖胡蜂。所有的工蜂不需要去抬土，工蜂都去捕食喂养幼虫，因此蜂幼虫（蛹）产量高，蜂群繁衍快而旺盛。

人工养殖前要对大树筒进行改造：①大树筒上部加遮雨设

备，防止雨水渗入枯树筒内浸泡蜂巢，导致蜂巢腐烂。②夏天用遮阴网或树叶等给大树筒遮阴降温，防止温度过高，同时在大树筒基部钻几个通气孔，保持树筒内的温度在27℃左右（一个孔中插上温度计测量温度）。③在蜂群进出口前面安放喂食台，在连续阴雨天工蜂不能外出捕食时喂食。④大树筒上端用圆木板封闭，将引进的蜂巢上部与圆木板结合，蜂巢下部放在2根竹签或细木条上，以下每隔10厘米在树筒内部平插2根与树壁垂直的竹签或细木条，防止蜂巢将来过重而崩塌（蜂巢筑在树洞中，随着蜂群数量增大，粘接在树洞上的蜂巢越来越大越来越重，当重量超过蜂巢壁与树壁的黏合力时，蜂巢会掉落在树洞的下部，蜂幼虫、蜂蛹和蜂王被压死）。⑤在大树筒的侧边竖直开一个口，里面放一块透明有机玻璃，平时用黑布遮盖，需要观察蜂王产卵、幼虫发育化蛹、蛹羽化、确定取蜂蛹时机等情况时拉开黑布。

六、野化后外移养殖

蜂巢有十多只工蜂就可以进行野化，即逐步减少喂食量，让工蜂自己去找食物。在有15～20只工蜂的时候野化最合适（凹纹胡蜂在有12只工蜂以上就可以，有14～15只最好）。在野化的时候胡蜂会全部回巢，只会看到一两只工蜂偶尔出来，也有工蜂被捕食或迷路回不来了。野化过早（工蜂少于10个时）且不控制蜂王，蜂王有可能会跑掉，这是野化时需要注意的问题。操作上可以用6目的铁丝网防止蜂王逃掉（一定要人工提供蜜水和肉类食物，防止蜂王被渴死或饿死），不可用剪蜂王翅膀的方法。

当有20只工蜂之后就可以移到野外饲养，将小蜂群外移到野外环境养殖后，不要将蜂巢与筑巢室立即分离，还需要在蜂巢口附近人工放蜂蜜水、小昆虫、瘦肉等食物人工喂养10～15天，防止蜂群寻找不到足够的食物而影响生长，注意防止被蚂蚁取食和雨淋。待工蜂熟悉周围环境，外出捕食能力和抗蚂蚁等天敌能力增强后，可不再人工提供食物。当观察到工蜂外出后可以自由返回蜂巢后，再将筑巢室与蜂巢分离，让工蜂自己寻找食物。蜂群自由生长，并随时间推移成为具有商品价值的蜂群。

　　工蜂经过野化后再将小蜂群外移养殖才能成功。如果将小蜂群连同蜂巢外移到野外环境养殖时，立即就将蜂巢与筑巢室分离，人工不提供食物，让工蜂自己去野外寻找食物生存，蜂群几乎都不能成活。原因是人工培育出的小蜂群，一直都生活在人工控制条件的适宜环境中，而且蜂王没有带第 1 批新工蜂外出捕食过，蜂群移到野外环境中抗蚂蚁等天敌的能力弱，新工蜂外出寻找食物返回蜂巢的能力差，回巢时找不到蜂巢，也可能被蚂蚁、壁虎、鸟类等天敌吃掉，蜂群经过 10～15 天逐渐减少直至消失。

　　随着巢上蜂群及幼虫陆续增加，夜间可将蜂巢移到蜂棚外的野外放养区，依据该蜂种筑巢的习性挂在树干或支架上（图 4-7），上面用石棉瓦遮雨并防止阳光直射，或者埋入挖掘的土坑中。

图 4-7　胡蜂野外养殖场

　　在选好的树荫下，挖开一个长 2 米、宽 1.5 米的平台，在平台上方挖一弧形排水沟，在平台的下面挖开 1 个 0.5 米×0.5 米×0.5 米左右的坑，坑的前面是开放式。每 1 个蜂巢用复合板做 1 块 0.75 米×0.5 米坑前挡板，挡板下面中央开 8 厘米×4 厘米的巢门。埋入土中的种类，在土坑顶部放置横放的树干，将蜂巢用铁丝拴住，悬于坑中，留 1～3 个出入口。

　　注意蜂巢要放正，倾斜了会影响正常发育甚至导致蜂群筑巢停止。移动蜂巢时要小心，不能弄破胡蜂巢外壳，否则会影响蜂群生长，严重时可能导致胡蜂群弃巢而去，造成损失。挂在树干上的高度一般不要超过 2 米，这样管理和摘除都方便。蜂巢的进出口要开阔，不要有树木或建筑物阻挡影响工蜂进出。

　　如果有条件，移动蜂巢后可在蜂巢外面放置少许人工饲料、动物瘦肉和内脏饲养几天，除供给部分食物外，让胡蜂自己搜寻各种食物，并根据需要补充人工饲料、蜂蜜水、发酵的苹果、肉类、活体昆虫等。工蜂会继续外出采树木腐朽的树皮扩建蜂巢。蜂巢移动到野外放养区后要继续观察，看工蜂是否进出采食，5天以后如果进出极少甚至没有胡蜂进出，说明移动蜂巢失败。失败的原因有：①移动时蜂王受伤死亡。②工蜂和蜂王被蚂蚁咬死。③新巢离旧巢太近，工蜂和蜂王飞回旧巢。

野外饲养和人工喂养交叉半个月左右，当观察确定工蜂完全有采集食物能力之后，才可以停止人工饲养食物，否则会因为无野外生存能力而饿死整巢蜂。因此，一方面要保证工蜂的人工饲料，另一方面也不能过度依赖人工喂养或者野外喂养而造成胡蜂野化失败。

野化期间一是要注意防止蚂蚁。在野化期间或者筑巢期间主要的食物就是蜂蜜水、蜜蜂、蝗虫、水果，这类食物蚂蚁也最喜欢，所以这时要防范蚂蚁。可以使用灭蚁药或机油、黄油涂抹树干等支架，防止蚂蚁爬上来危害蜂巢。二是防止暴晒，暴晒会导致蜂巢内部温度升高，工蜂喂养幼虫过度劳累体质下降；同时也不能完全遮阳，完全不见阳光的蜂巢内部温度低，蜂群生长发育变慢，蜂巢侧面能够受到阳光照射最好。三是防止暴风雨危害，大风会刮掉胡蜂巢，所以蜂巢必须绑扎牢固，大雨也会淋坏蜂巢。四是对于养殖凹纹胡蜂等中小型胡蜂来说，进出口要装9目的铁丝网，可以防止大黑蜂或者金环胡蜂等入侵捕食。

第八节　野外养殖

野外养殖以野生放养为主，结合人工喂养。放养区域做好安全管理措施（防盗、防家畜家禽等骚扰），在野生昆虫丰富的地方无需人为去喂食，如果缺乏野生昆虫或者蜂箱密集养殖或想增加蜂蛹产量可以进行人工补饲胡蜂饲料（肉类、烂苹果、雪梨、鱼等）。

胡蜂科蜂类主要以山林中的小昆虫、小动物、花蜜、腐烂的水果、树汁等为食物，不食新鲜水果蔬菜。山林中其他昆虫的数量制约了胡蜂种群数量。山区养殖户应该选择山林茂密、食物丰富的山区野生放养，养殖期间最好继续在蜂巢附近人工投放食物，满足胡蜂对食物的需要，这是科学增产的有效手段。

通过合理补充食物，可使胡蜂蜂蛹产量比不提供食物条件下提高1～2倍，从而增加养殖的经济效益。

1. 圈养胡蜂　根据养殖实际，可以用铁丝网或带刺的严密篱笆墙把所有胡蜂巢围在中间饲养（所有的蜂巢要离围栏至少有50米的安全距离，这段安全距离内不能有胡蜂巢存在）。当然也需要留一个门供管理人员出入和采收。这样圈养虽然不能人工控制温度但降低了材料成本。

圈养最大的好处是养殖人员一般不用进去，可以把液体食物从铁丝网外面用管子导入，把昆虫、瘦肉、水果等固体食物从围栏上面投进去，降低了人进蜂棚所引起的被蜇风险，省去了经常穿戴防蜂服的麻烦。

2. 日常喂养管理　一般在食物充足的情况下是不用进行人工饲养的，只有食物缺乏的时候才需要，通常是提供人工饲料、蜂蜜水或白糖水进行饲养。在人工饲养的时候不能用红糖进行饲喂，红糖消化吸收较慢影响胡蜂生长。

在蜂巢附近放置水果（可以去果园低价收购落地果子屯至发酵喂养）、糖水、甘蔗汁、小昆虫等食物，保证了食物的充分供给，也解决了连续阴雨天工蜂不能外出捕食而发生幼虫饿死的问题。

在一天中喂食时尽量不要使用同一种昆虫或者饲料，防止营养单一，如早上喂了苍蝇，中午就应该换成蝗虫或人工饲料。

水是胡蜂不可缺少的物质。在平时的管理中需注意胡蜂饮水的质量和数量，同时在盛水的容器上放上湿毛巾，也可以在水中加入一点食盐，可起到促进生理机能、帮助消化和消炎的作用。最后还需要注意养殖场的卫生管理，不定期进行清理和消毒。

3. 蜂巢的管理　蜂巢的管理主要是两方面的工作。首先是防止天敌的危害。平时经常观察蜂巢，根据各种敌害的特性制定相应的预防措施。毁坏蜂巢的主要是巢螟。巢螟在夜间飞落在蜂巢上产卵，卵孵化成幼虫后，以胡蜂的幼虫或蜂巢为食，危害很大。防治办法：①将蜂笼挂在距地面两米以上的高处防止巢螟侵害。②根据巢螟在夜间产卵的特点，在天黑胡蜂归巢后及时关闭蜂笼的门，防止巢螟飞入产卵危害蜂巢。

蜂巢管理的另一项主要工作是防止病害。胡蜂的主要病害是幼虫腐臭病。幼虫在高温多雨季节容易得此病，当发现病情后，立即向蜂巢上喷洒浓度为 1∶20 的医用四环素糖粉溶液，连续喷 3 次，防病效果明显提高。此外还要注意蚂蚁、老鼠等对胡蜂的危害。平时也要经常观察、防止牲畜和行人骚扰蜂巢、偷盗蜂巢，保障人身和财产安全。

总之，养胡蜂不可自以为是、急于求成，要按要求去做，正确借鉴养蜜蜂的经验技术，要学会根据胡蜂的生物学特性和气候因素主动思考和变通。养胡蜂时在了解基本技术、过程环节后，要注意气候变化、卫生状况、食物质量、地理环境等相关因素的影响，根据这些因素来灵活应对。胡蜂的食物要求必须新鲜，不能有变质，养殖场卫生条件要好，筑巢树皮要新鲜，这对养殖成功很重要。操作时可以把树皮用刀或斧头适当地划些伤口，这样不仅有利于胡蜂咬取建蜂巢，也有利于树汁流出，让胡蜂吸用。另外要明白少量饲养和规模饲养条件的不同，在不同养殖环境下知道如何改进技术。此外要按照胡蜂生物学特性，将采集蜂群、交配、越冬、诱导蜂王筑巢、管理蜂群、取蜂蛹时间灵活安排，把技术做到位。

经过约 5 个月的饲养管理以后，到秋季 9～10 月，随着天气渐冷，雌蜂产卵停止。蜂巢室内的蛹将要羽化完时，即可将蜂笼门关闭，以防止成蜂离巢，并将蜂笼收回。

利用夜间群蜂安静时，将蜂笼倒放，待蜂群爬向上方离开蜂巢时，便可摘取蜂房，去除尚未羽化的残蛹，挂在通风干燥、无虫、无鼠处晾干，以备作药用或到市场销售。蜂群旺盛时，还可提取蜂毒，其药用价值更高。秋末再次收集越冬蜂进行新一轮养殖。

第九节　温室与大棚养殖

胡蜂在野外养殖存在地域限制和隐患，采用温室或大棚养殖胡蜂可以很好地解决这些问题。温室和大棚养殖温湿度可以控制，养殖条件较好，有限的空间里可以实现高效养殖，胡蜂养殖的隐患也容易控制。因此，用温室或大棚养殖胡蜂很早就开始了（图 4-8）。

图 4-8　大棚养殖胡蜂

温室或大棚的尺寸按照计划养殖的蜂巢多少而定。但温室或大棚应该尽量大一些，过小会影响胡蜂的活动空间从而改变其生活习性，可能造成胡蜂不筑巢或中途弃巢。

温室或大棚里面要悬挂盛有胡蜂饲料或者蜜水、水果、瓜皮等食物小食盘，使胡蜂能在放入后自由活动并取食，尽快恢复越冬后的体质。此时如果遇有连续降雨天气或暴风雨，应在顶部加盖遮雨物防止伤亡。

胡蜂在温室或大棚内越冬养殖时，要重视和预防温湿度剧烈变化的问题，使温湿度保持在胡蜂养殖适宜的范围之内。一般蔬菜大棚的结构不能满足胡蜂养殖的田间要求，需要改进。在同一个温室或大棚之内只能养殖同一个胡蜂品种。如果养殖两种或两种以上的胡蜂，则可能会因为争夺食物和活动空间而相互残杀。

春季气温恒定在 12～13℃ 时，越冬胡蜂开始散团活动，即可在夜间将越冬蜂移入温室或大棚中，轻开笼门或箱盖，第二天胡蜂即在里面飞翔并熟悉生活环境。此时应尽快准备引蜂筑巢的蜂箱，同时投入糖、蜜、活虫、0.2％的复合维生素水等食物进行人工饲养。

蜂王在越冬期间消耗了大量的体能，所以苏醒后的第一周要补充营养来增加体能，所以先喂 0.2％复合维生素蜂蜜水，再喂苹果、香蕉、梨等水果，肉可以暂时不用喂。胡蜂忌喂脂肪，单蜂王的时候很少食用。饲喂时为了减少人进温室或大棚所引起的被蜇风险和穿戴防蜂服的麻烦，可以把液体食物从外面用管子导入饲养棚，把固体食物从外面塞进去。

气温在 12～17℃，越冬蜂王就开始进入筑巢产卵的阶段，此时期应随时观察，见有蜂王在顶部或四周纱网上时飞时停时，这就是蜂王在选址建巢。气温恒定在 17℃ 以上时，胡蜂便开始建巢。要及时将大量蜂箱挂在温室或棚内棚顶各处，将蜂箱开启一半并拴牢供胡蜂筑巢。蜂箱也可以用简易筑巢装置代替，为节省成本也可用油毡剪成圆筒形帽状上装挂钩代替，但管理起来不如木箱方便。现在多用木浆制的蜂巢基础代替。

人工设置的蜂箱具有遮光避雨、挡风的特点，蜂王便很自然地飞入箱中筑巢。经过短暂的适应，蜂王即用足及口器在笼顶清理巢基开始建巢。这时饲料盘中应添加优质胡蜂饲料或糖、蜜成分，添加有 0.2％的复合维生素溶液，以利于蜂王用来建造牢固的巢柄。巢柄建成后便连续建立第 1 个巢室。

巢室是由胡蜂将咀嚼后的朽木等糊状纤维物质衔入笼中，并粘连在巢柄上再经修造而成的。这种筑巢的方式和燕子有些相似。因此，温室或大棚内建巢除了要供应食物和悬挂巢箱，也要在里面放些胡蜂建巢用的枯树枝、树皮或腐朽木材等纤维物质，在棚壁纱网上挂些废纸条（以糊窗的棉纸或草纸最好），以备胡蜂取用建巢。

第 1 个巢室建好后，蜂王便在巢室近底部侧壁上产下 1 粒带有短柄的蜂卵。在蜂卵孵化前，蜂王会很快在位于巢柄下第 1 巢室侧面接建另一圆筒状巢室，然后按圆周状陆续一个接一个地建造巢室，边建边产卵，并经常将头钻进巢室内探测卵的发育情况，直至卵粒依次孵化出幼虫。蜂王除不断地建巢、产卵外，同时还需要担负外出觅食和饲育幼虫的工作任务。

随着集体不断扩大，幼蜂不断增加，蜂王的工作量也在加大，所以此时要特别注意饲料的供应。第 1 代幼虫变成蛹后，再经过 15 天左右即可羽化为成工蜂；第 1 代工蜂即承担建巢（扩大蜂巢体积及增加蜂室的工作）哺育幼虫的工作。原蜂王取食量增大，只承担产卵的任务。

蜂王开始筑巢后，按下列喂食顺序喂食组合食物：①蜂蜜跟水分开喂，或喂调好的蜂蜜水和 0.2％的复合维生素液都可以。②再喂胡蜂人工饲料或者含糖分高的苹果、香蕉、蜂蜜和 0.2％的复合维生素溶液。③最后喂胡蜂人工饲料或者苹果、香蕉、0.2％的复合维生素溶液、矿质元素以及蜻蜓、蝗虫、蟋蟀、瘦肉等肉类。可以喂比较容易获取的肉类，如成本较低的蝗虫、兔肉、猪肺、猪肝、鱼类等。

此时的蜂巢上已有了很多的卵、幼虫及蜂蛹，蜂王和成蜂便会产生恋巢性，而且恋巢性很强，通常不会再弃巢飞离。如果温室或大棚中饲育幼蜂的天然饲料不足，在保证附近没有其他人畜安全风险的情况下，可将温室向阳一侧的窗户打开或大棚向阳一面的窗纱上半部掀开，让工蜂出棚寻找食物。

温室或大棚空间有限。对于攻击性强的胡蜂来说，如果多群胡蜂在一个温室或大棚里养殖，容易起争斗。因此，要勤观察，如果蜂群起了争斗，立即用烟熏或者喷香水来使它们和平共处，同时提供充足的食物才能养好。

采用温室或大棚养殖胡蜂难度较大，虽然温室或大棚养殖胡蜂有许多优点，但是让越冬的胡蜂王在温室或大棚内筑巢的难度比胡蜂王越冬大很多。越冬的胡蜂王很难在人工建造的有限空间内筑巢，即使是有也是极少的。胡蜂不愿意在活动有限的空间内筑巢可能有以下几种原因：①胡蜂是野生昆虫，野生胡蜂活动范围可达几千米，温室或大棚极其有限的活动空间使蜂王感觉处于即将被捕捉的危险之中，胡蜂处于逃命状态，自然不会去筑巢。②里面缺乏胡蜂建巢的某种必需材料，或者某种必需食物，胡蜂筑巢缺乏必要的条件，想筑巢而不能。③里面的环境温湿度、光照、通风等条件不符合蜂王的选址要求，蜂王自然也不会筑巢。总之，现有的实践证明，想让蜂王在温室或大棚内筑巢比较困难。另外，温室或大棚养殖胡蜂成本很高，尤其是食物成本，控制不好效益会很差。

第十节　引种养殖

胡蜂养殖可以进行自行引种。在每年 9～10 月的时候去野外有胡蜂的地方捕捉胡蜂，但是这样比较危险，而且捕捉的胡蜂也容易受伤难以养活。现在养殖胡蜂最好去专业的养殖场购买种源。对于初次养殖胡蜂的人来说，最好是在 4～5 月从专业机构引进带有蜂巢的小胡蜂群，回去挂树上或者绑在木桩上放养。这样选购的蜂群比较稳定，而且由于经过了人工驯养，很容易养活。

1. 注意气候与蜂种　胡蜂养殖过程，必须重视气候因素。不同地区的气候，夏天最高温和冬天最低温肯定不一样，在繁育蜂王过程中，如果掌握不好气候因素，不符合胡蜂的生长要求，蜂王会夭折导致养殖失败。养殖过程中，气候不适合，蜂群难以养大，经济效益低。例如，云南和国内许多其他地方的气候是不一样的，一种胡蜂在云南野外能养成功，在其他地方野外就不一定能养殖成功。所以，胡蜂养殖，一定要了解本地的气候变化，要根据当地的气候和森林资源来确定养殖蜂种才可能养殖成功。

云南、广西、广东、贵州、四川、湖南、海南等省、自治区冬季天气暖和，野外可以培育和养殖的蜂种有金环胡蜂、大黑蜂、黑尾胡蜂、黑绒胡蜂（七里蜂）、黄脚胡蜂，产值比较高。

浙江、江西、湖北、江苏、安徽、山东、河南、甘肃、陕西、山西等省自然气候条件下也可以养殖金环胡蜂、大黑蜂、七里蜂、黄脚胡蜂。但是这几个省份不适宜在野外培育大黑蜂和金环胡蜂，因为这些省份冬季比较寒冷，如要养殖需要采购已经形成蜂巢的蜂群回去养殖才能成功。

2. 注意蜂群状况　在选蜂的时候要穿上防胡蜂服在蜂巢门口进行观察，看工蜂的出入情况，然后打开箱门，看它们的反应是比较激烈还是温和，以温和的为好，其次就是观察蜂王的状况，选择最佳的蜂群进行饲养。

第十一节　人工提前建巢与增代技术

在自然界中的胡蜂开始活动前的一个月的时候，将越冬的胡蜂放入温室增加温度提前使之复苏，使其在人工饲养条件下提前繁育出第一代成蜂。由于早春季节的气温较低，温室内需要加温保湿，以保证胡蜂能正常地建巢、繁育后代。

控制好温室内的温度及湿度是人工提前建巢增代成功的技术关键。胡蜂温室早晨的气温要控制在 15℃ 以上，中午在 32℃ 左右为宜。只要精心喂养以及保证室温、湿度，胡蜂可较自然界的胡蜂提前一个月繁殖后代，全年可增加一代胡蜂，蜂巢更大，蜂蛹更多，这自然增加了经济效益和竞争力。

以亚非马蜂为例，来说明马蜂和胡蜂人工提前建巢与增代技术。在我国中部地区，亚非马蜂一年可发生 3 代。蜂群增大时期在 7 月中下旬，这时棉田的主要害虫棉铃虫等已发生 2 代了。要想使棉铃虫全年受到防治，需要使亚非马蜂第 1 代提前一个月发生，使马蜂一年发生 4 代。这样治虫效果明显高于正常的治虫效果。

增加代数的方法是在当地胡蜂正常活动前一个月,将在蜂箱中越冬的受精雌蜂放置在 13～16℃ 的温室中,胡蜂就开始散团,在温室中要放置 0.2% 的复合维生素蜜水、熟透的水果等供胡蜂恢复体力,然后逐渐增加室温到蜂群最适宜的 25℃ 以上。温室中除准备人工饲料和肉食外,还要准备树皮朽木等建巢材料,最好在地上种植蔬菜等,温室中还要增加湿度,防止干热。胡蜂放入温室约半个月后开始建巢,这时要在室内壁上放置空蜂箱,引诱胡蜂入内筑巢。筑巢后约经过 10 天,巢上有幼虫出现,一个月后陆续出现第 1 代工蜂,当农田中出现第 1 代棉铃虫等害虫时,可将温室内提前筑巢的胡蜂移到田间。第 1 代棉铃虫会受到胡蜂的大量捕食,以后棉铃虫各代发生数量均减少。人工提前筑巢的胡蜂产生第 2 代工蜂时,自然界的胡蜂才产生首代工蜂。人工提前建巢由于提前一个月,与同期自然界蜂巢比大很多,因此每 667 米² 棉田放 2 巢即可防治害虫。

提前建巢管理的关键是温湿度控制以及及时供应人工饲料、肉食、饮水等管理。当温度低于 15℃ 时,胡蜂活动很少。提前建巢的胡蜂遭巢螟等危害的时期也比自然界发生得早,也需要提前防治。

第十二节　胡蜂并巢、并王和嫁王养殖

合并蜂巢和并王主要见于大型胡蜂。大型胡蜂性情凶猛,以蜂巢为中心,控制领域随种群的增长而增大,可达数百米。当较小范围内存在多个蜂巢时,养殖过程中不同巢胡蜂的工蜂在取食相遇时会相互争斗,从而造成蜂群数量下降,蜂蛹和幼虫产量低。有胡蜂养殖户在养殖中总结出避免种群之间的竞争方法:将越冬雌蜂,特别是同一蜂巢的越冬雌蜂进行单独人工喂养驯化,然后每 2～3 只或更多只放在一起饲养,让其一起建巢后再移巢至适合的洞穴。

一、合并养殖

将山林中野生金环胡蜂的蜂巢整窝接到自己家附近山林的土洞中养殖，但在一个地方同时养几窝（巢）胡蜂时，不同巢的胡蜂在捕食区域相遇时会残杀。解决方法是把从山林中找到工蜂少的几巢胡蜂的蜂王、蜂巢及其各自工蜂关在同一个蜂笼中进行烟熏、喷香水或洒白酒等，以解决要合并的蜂群群味不同的问题。时间一般选在胡蜂的警觉性比较低的夜间。这样处理并人工喂养一段时间后再将其放入同一个土洞中合并养殖成为一巢蜂，工蜂就不再打架。因有几个蜂王产卵，蜂群发展快，数量也特别多，蜂蛹产量能显著提高，效益也高。

注意要尽量选工蜂数量少的巢合并，这样混合养殖容易成功。工蜂数量在50只以上的蜂群，即使经过人为干预处理，也不能完全消除相互攻击的信息。勉强合并混合养殖后，常因蜂王、工蜂打架导致工蜂死亡，蜂王受伤，蜂群衰败。

合并养殖时要勤观察一旦发现打架，要立即摇动蜂笼并进行烟熏、喷香水或白酒等操作人为刺激干预蜂群，使蜂王及工蜂受惊而停止残杀。这些惊吓使蜂群丧失了不同蜂群最初的敌对识别本能，对危险刺激产生共同的防御本能。多次人为刺激后，混合在一个蜂笼中不同蜂群的个体之间会用触须和口器相互触摸亲近，不再残杀。合并混合养殖初期，1只蜂王至少拥有1个蜂巢容易成功。2只或者2只以上蜂王共用1个蜂巢的，需要用摇动蜂笼、烟熏等强制合并手段，转移和分散处于攻击状况的蜂王及工蜂的注意力，减少工蜂的争斗，消除蜂王争夺蜂巢的争斗。

二、并巢养殖

近年来，许多养殖户热衷于研究各种胡蜂多王并巢养殖技术。他们根据经验认为胡蜂双王或者多王筑巢时共同巢会比单王筑巢的蜂巢大，产量比单王筑巢高，因为多只蜂王的产卵量和孵化成的幼虫数量比一只的多。假如是两只蜂王甚至更多王一起筑巢，那么产卵的数量比一只多，工蜂数量自然也多，一起做的蜂巢自然也就越大。

但是胡蜂双王筑巢一般不易成功，出工蜂之后两王会开始打架，所以合并的时候需要经过喷白酒、蜜水、花露水等除气味的东西处理，才能保证双王都存活。并巢原则上需要慢慢靠近不要直接粘连并巢，即两个蜂巢开始放置距离较远，在 5 厘米以上，以后让巢自然增大后自然粘连到一起。不经处理就并王有可能造成一王被咬死，严重的会使双王两败俱伤都死亡。想要双王筑巢最好将数只蜂王一起培育，最后剩下 2~3 只蜂王时便成功了。多只并王比双王容易成功。

据实际经验，出工蜂 50 只左右时两王并巢最好，因为此时的蜂王腹部增大，行动缓慢不便，两王的争斗弱，很少会打架。但是此时工蜂争斗还很强，解决办法是把工蜂关起来，先解决工蜂与工蜂的争斗，最后解决蜂王与工蜂的争斗，这样就成功了。不过养殖户需要注意，合并技术看似高超，看似提高了产量和经济效益，其实对于同类胡蜂的合并养殖来说未必真的高产。

正常条件下，两个王一起筑的巢会比一个王筑的巢大，但是两个王单独筑的两个巢加起来大多会比双王共同筑的巢大，所以在相同的空间内，双王筑巢产量和效益未必高。原因是双王蜂巢增大还需要重新做大的筑巢箱子。难度最大的是，多王同巢的胡蜂单位体积内密度增大了几倍，不仅需要更充足的食物，而且需要管理更良好，环境气候更适宜，才能正常生长取得高产。这些要求满足不了，双王蜂巢产量不一定比单王筑巢高。这种技术不仅麻烦，而且不太划算，所以一些养殖户逐渐放弃并巢养殖了。除金环胡蜂和大黑蜂这些占地面积大的胡蜂有必要进行外，对于其他胡蜂少量实验可以，大量进行的必要性和是否划算，有待于进一步验证和技术完善。

三、嫁王

还有一种并蜂巢情况，如果在筑巢期间死王或者失王，又没有其他蜂王来嫁王时，剩下蜂巢是浪费，剩下的巢只能拿到另一窝去进行并巢了。并巢的方法就是直接把巢放在另一巢的旁边，这样不会造成浪费。

胡蜂筑巢期间失王或者死王的处理办法只能并巢，如果还有蜂王的情况下就进行嫁王。所谓嫁王就是在养殖胡蜂时，蜂王筑巢后，蜂王可能由于一些原因死亡或者弃巢而去，筑巢时期出现无王留下的蜂蛹又无法人工饲喂，有的还有工蜂。为了让蜂群得以延续，需要把另一个蜂王移到无王的这一巢蜂的巢里。嫁王的时期：一是工蜂初盛期，这时候工蜂已经很多，需要嫁王，所以把工蜂先抓出笼子放在附近（注意抓出来的工蜂不能离原巢太远，太远了工蜂可能不愿再在此巢停留）30分钟以上时间后，再放入新王。二是可以收获胡蜂的时期，这时候嫁王跟工蜂初盛期差不多，也是需要先将所有的蜂和巢先分离，再放入同种类新王（经过试验这个时期嫁王效果最好）。

第十三节　胡蜂的混合养殖

金环胡蜂个体大，攻击性强，捕食比自己弱小的昆虫，包括蜜蜂、凹纹胡蜂等蜂类。例如，工蜂数量达8 000只左右的金环胡蜂，捕食范围达方圆8千米左右。因此，经常发生金环胡蜂捕食其他农户的蜜蜂、凹纹胡蜂的养殖矛盾。

在调查分析的基础上，郭云胶等研究者根据不同胡蜂活动范围、捕食对象、个体大小的特点，利用胡蜂找到食物源后会发出有食物的信息和受到攻击后会发出有危险的信息的特性，采取野外放养、人工喂养、人为刺激等相结合的技术，在同一个地区同时混合养殖金环胡蜂、蜜蜂、凹纹胡蜂，初步解决了养殖中金环胡蜂捕食蜜蜂、凹纹胡蜂的矛盾。

养殖金环胡蜂和凹纹胡蜂（或蜜蜂）的矛盾是金环胡蜂会咬开凹纹胡蜂蜂巢的外包层，金环胡蜂直接钻进蜂箱咬死凹纹胡蜂工蜂，捕食其幼虫。具体解决金环胡蜂捕食凹纹胡蜂（或蜜蜂）

方法如下：取活的 5 只金环胡蜂关在坚固的小蜂笼中，挂在凹纹胡蜂（或蜜蜂）蜂巢边，人为定期刺激小蜂笼中的金环胡蜂，让被关的金环胡蜂发出此处有危险的信息，同时人工捕杀来捕食的金环胡蜂，前两批金环胡蜂被捕杀后，以后金环胡蜂不会再来捕食凹纹胡蜂（或蜜蜂）。

第五章 胡蜂的饲料生产

第一节 人工饲料

　　饲养活的昆虫喂食胡蜂不仅烦琐而且有季节限制。因此，使用胡蜂人工饲料是养殖的发展方向，已经研制有可以取代活虫的饲料和各种胡蜂的专用饲料（图5-1）。用人工饲料饲养胡蜂有很多优点：①不受气候等因素的限制，可以常年和大量饲养胡蜂。②不受寄生、捕食和污染等因素的干扰。③饲料营养稳定，有利于胡蜂的生长发育。④饲料成分可以控制，可以满足胡蜂不同时期生长发育的需要。对于野生昆虫资源丰富的地区，可以采取人工饲料和野生昆虫配合饲养的方式。

　　人工饲料一般由营养物、赋形物、助食物和防腐剂四类物质组成。营养物包括胡蜂生长发育所需要的各种营养成分，由碳水化合物、脂肪酸、固醇和甾醇、蛋白质和氨基酸、矿质元素、复合维生素、水和盐等组成。赋形物的作用是保持饲料的形状和调节饲料的物理性状，由饲料胶凝剂和填充剂组成。助食剂的作用是刺激和促进胡蜂进食，由化学刺激物和物理刺激物组成。防腐剂一般在含水量高的饲料里使用，以防止饲料变质。胡蜂饲料一般采

图5-1　蜂王用人工饲料喂养幼虫

用高糖抑菌法，常温保质期十天左右；如果放在冰箱冷冻保存，保质期在半年左右。

一、筑巢期人工饲料

主要成分：多种胡蜂需要的营养素，可联系本书作者购买。

功能：①促进蜂王腹部脂肪的消耗，从而缩短蜂王产卵前期准备的时间，让蜂王提前产卵。②富含抗病因子，解决蜂王腹泻问题，降低蜂王的死亡率；增加幼虫的抵抗力，降低掉幼虫现象。③促进蜂王产卵，卵粒增大，提高蜂王产卵率和卵的孵化率。④防止蜂王因缺乏营养而吃封盖蛹；蜂王使用两天效果明显。

优势特点：①比蜂蜜便宜，有利于预防昆虫性疾病的传播；而且还能提供蜂蜜里缺乏、胡蜂需要的一部分营养物质，比如维生素A。②保质期长，喂蜂时不像蜂蜜那样容易发酵变质。

使用方法：①代替蜂蜜使用，兑水或者直接饲喂蜂群。②和蜂蜜混合使用，筑巢期饲料和蜂蜜为3：1。③另外给胡蜂提供充足的饮用水。

注意事项：①喂过蜂蜜的胡蜂，喂筑巢饲料的时候，加一点蜂蜜在里面，这样可以减少换食物带来的不适应。②使用前摇匀，低温条件会结晶，不可高温加热融化，30℃左右温水融化。③储存于阴凉干燥处。

二、繁殖期人工饲料

配制时使用凉开水按1：3调配，不可用热水调配或加热饲料，防止破坏饲料中的生物活性物质（图5-2）。每次喂食时必须现配现用，将配好的饲料直接放到食槽里让胡蜂吸食，每次喂食时食槽需要清洗干净，防止饲料发霉，导致胡蜂生病。另外给胡蜂单独准备凉开水供其饮用。

人工饲料具有以下优点：

（1）方便替代各种昆虫作胡蜂的食物，可以避免昆虫性疾病

图 5-2 胡蜂饲料

传播给胡蜂。饲喂方便，减少养殖和获取昆虫类食物的劳动，节省了成本。1 千克胡蜂饲料相当于 30 000 只蜜蜂，胡蜂饲料比蜜蜂肉更便宜，而且营养更全面。

（2）营养全面均衡，可防止营养不足导致掉幼虫、蜂王吃幼虫和封盖蛹。喂食人工饲料可使蜂王产的有效卵多，卵粒大。

（3）诱食性和适口性好，蜂王或者工蜂采食积极，筑巢快，巢房扩展大。

（4）可以解决高密度饲养条件下，因食物不足互相争夺食物、互相残杀的问题。

（5）为秋天羽化出房的新蜂王提供越冬所需的营养储备物质，保证新蜂王安全顺利越冬；增强秋天雄蜂的体质，提高雄蜂精子的数量和活力；提高蜂王受精率，为提高第二年蜂王的筑巢率和有效卵率，少产死精卵、无精卵（除雄蜂卵外）、畸形卵提供有力保障。

第二节　昆虫饲料及养殖技术

胡蜂是捕食性昆虫，胡蜂的食物中，肉类占了较大的部分。人工养殖胡蜂，特别是在保存越冬雌蜂、培养其在来年筑巢成为蜂王的过程中，需要饲喂大量的肉类食物。已知胡蜂嗜食蝗虫、苍蝇、蜻蜓、蟋蟀以及膜翅目或鳞翅目幼虫。显然，仅从自然界获取，可能无法满足规模化胡蜂养殖的需要；还会造成对生物多样性的破坏。可以考虑通过人工养殖生活周期短、成本低廉、容易大量繁殖的昆虫解决这一问题。

（一）小型胡蜂

在胡蜂类群中，大胡蜂、金环胡蜂体型较大，有的与人的大拇指相当；凹纹胡蜂、茅胡蜂等则属于中等体型；更小的有台湾黄胡蜂、常见黄胡蜂等，体型比蜜蜂更小。小型蜂种尽管个体小，却有种群数量大的优势，供给廉价的水果等食物便可长期繁殖。养殖过程中，可采取不同大小的胡蜂混合搭配养殖，以满足不同胡蜂日常食物需要，利用大胡蜂取食小胡蜂的特性，应对食物短缺、市场供求关系变化等不利因素。

（二）蜜蜂

蜜蜂是胡蜂的食物，可利用资源量十分丰富。首先，人工养殖蜜蜂的规模巨大。据估计我国目前养殖的蜜蜂有近千万箱。其次，蜜蜂工蜂数量多，而且时时在进行更新替换，而更替的工蜂蜂尸没有被有效开发。工蜂的群体巨大，寿命一般是 30~60 天，蜜蜂养殖场自然更替后的蜂尸及多余的工蜂都可以利用；群居的蜜蜂在蜂场集中养殖，也便于收集蜂尸或人为更替工蜂。因此，在合理布局蜜蜂和胡蜂养殖场所后，可利用蜜蜂特别是工蜂饲喂胡蜂。

（三）甘薯天蛾

属于天蛾科虾壳天蛾属，别名白薯天蛾、旋花天蛾、虾壳天蛾、山芋天蛾。幼虫、蛹可食（图 5-3）。幼虫危害甘薯、蕹菜、牵牛花、月光花等旋花科植物。甘薯天蛾营养丰富，如幼虫和蛹粗蛋白含量分别达 53.7% 和 50.2%，亚麻酸等物质含量也很丰富，并具有丰富的矿物质，其中锌的含量最高。甘薯天蛾 5 龄幼虫鲜重 5.25~11.25 克，个头大，产量高，幼虫将甘薯叶转化为幼虫虫体的生物转化率为 55%。每 667 米^{2}甘薯大约可养 500 千克幼虫，现在已经能批量饲养，是一种具有饲料价值的高蛋白昆虫。

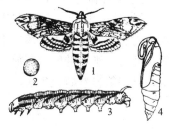

图5-3 甘薯天蛾
1. 成虫 2. 卵 3. 幼虫 4. 蛹

饲养方法：制作长、宽、高均为1米的养虫笼，里面养甘薯天蛾。将甘薯连藤带叶采下，绑成一束后挂起，甘薯藤头用湿布保湿，放入养虫笼喂食即可。也可以大田栽培甘薯养殖甘薯天蛾，任其繁殖生长，以供胡蜂取食。

（四）黑水虻

黑水虻幼虫是一种重要的动物蛋白资源。黑水虻是双翅目水虻科的一种昆虫，成虫与苍蝇相似但个体大一些。黑水虻幼虫在取食垃圾的同时减少污染，而且饲养方法简单、成本低廉，效果显著，是一种理想的环保昆虫。在北京、河南、河北、山东、陕西、广东、广西、湖南、福建、云南、四川等地区都适合生长。

黑水虻幼虫在自然界以餐厨垃圾、动物粪便、动植物尸体、农副产下脚料等有机物为食，可以高效地转化为自身营养物质。

黑水虻成虫会飞，需要做防逃措施。采用宽2米、长3米、高2米的立体架子，外面套上尼龙网或铁窗纱，留一个便于饲养员出入的门。内部放一张接卵操作台，顶部接装自动喷雾器（手压式也可），台上放一个或多个诱集收卵盘，温度控制在25～27℃；还需要自然光照射（成虫交配需要太阳光的刺激）或在阴天开碘钨灯。成虫期不用吃食只需要补充一定的水分，产卵量可达上千粒。

（五）菜青虫

一般驯养药用胡蜂时，培育菜青虫比较简单易行。其培育方法是将十字花科的植物叶片捣碎（最好用甘蓝叶片），将捣碎得到的叶汁涂在一张清洁的纸上，然后将涂好的纸立刻放在田野里，不久就会有许多白色的菜粉蝶争先恐后飞来，很快落在纸上产卵。待纸上产到一定数量的卵后，即可把纸上的卵收集放置在蜂笼内培植的十字花科植物叶片上，其卵能自然孵化生长出大批菜青虫，供药用胡蜂捕食。

（六）蝈蝈

蝈蝈是中国三大鸣虫之一，可以养殖作为胡蜂食物（图 5-4）。

1. 棚内养殖 在棚内养殖蝈蝈可以提前收获，能在全年为胡蜂提供食物。棚内养殖设施有多种形式：加温温室、塑料日光温室、塑料大棚、简易拱棚、土暖棚等。初次养殖蝈蝈，一般可选用建造和管理比较容易的简易拱棚和塑料大棚。

图 5-4 蝈 蝈

棚内可种植黄豆或小麦等作物，供蝈蝈自由采食，同时增加立体空间，增加蝈蝈的活动范围和养殖数量。种植密度中等，不要过稀或过密。养殖棚内走道要通畅，便于管理和采收。注意棚的四边不能种植作物，要留出地方给蝈蝈产卵用。要适当补充蝗虫等作为蝈蝈的饲料，以利于蝈蝈生长。

注意棚内的夜间温度要在 15℃ 以上蝈蝈才能正常生长，温度较低就要使用增温设备。湿度更是不能过大，棚内不能有明水存在。

蝈蝈产卵后，把棚四边的 20 厘米以内的土全部挖出，然后用筛子筛出蝈蝈卵。以便人工孵化或保存。

2. 室内养殖 室内养殖占地面积小，管理方便，不受气候条件所影响，一年四季都可养殖蝈蝈。

人工建造的饲养室，首先保证有充足的光照和可调节的温度，并能种植一定数量的植物。饲养室内温度白天保持 20～

25℃，夜间不低于 10℃。在适宜的光照和温湿度条件下，应保证饲养室内有足够的食物。

蝈蝈若虫怕闷热，要配合暖房降温，选在每天中午前后温度最高时开窗通风。在室内温度没有降到最低限度时，通风时间应尽量延长。暖房内空气要清新，防止烟、酒、香料、化妆品等异味侵入，以免对若虫造成不良影响。

蝈蝈生长要求光照 10 小时以上。室内养殖一般光照不足，需要人工增加光照，否则长期处于黑暗中的蝈蝈的身体会变色，生长减慢。人工增加光照的要求是 10 米² 左右的室内安装一盏 100 瓦的普通灯泡即可。

（七）豆虫

由于豆虫是农业害虫，所以大田露天养殖时要严格防止外逃，以免造成农业生产损失和生态破坏。

1. 豆虫选种　尽可能选用可靠机构提供的北方豆虫卵或种虫。

2. 放养时期　各地在大豆地里大豆叶片充分展开之前，按照适当的密度，把装满卵的卵袋用订书机均匀地钉在豆叶上。接入 1～2 龄幼虫的，应在大豆叶片充分展开时期。如果接入太早，会导致大豆减产。

3. 根据大豆的长势具体掌握养虫量　大豆田间密度 5 000～8 000 株/亩、长势好、枝叶茂盛的豆田，每株放养豆虫 3 只；15 000～20 000 株/亩的豆田，每株放养豆虫 1 只。

（八）蝗虫

蝗虫主要指的是东亚飞蝗（图 5-5）。

1. 饲养场　选择空旷、阳光充足、平整、地势较高的地块作为饲养场。四周最好掘沟灌满清水，防止其他敌害侵入。

2. 饲料管理　基本依靠自然光、温、湿度条件等饲养。当饲料不足时，可将饲料栽培地的饲料植物割下，最好整齐收割，装入内盛洁净清水的容器中，以保持饲料水分和新鲜程度。每天定时换，蝗蝻小时，小量少换；蝗蝻长大时，增量勤换。

图 5-5 蝗 虫

3. 卵孵化与成虫的饲养管理 蝗卵要在气温达到 25～30℃ 时才可孵化,所以不论是在常温下养殖还是非常温下养殖,饲养棚内温度必须达到其孵化时所需的值。

在棚内合适位置处留出孵化床,床面的大小要根据每个棚面积的大小而定,一般为棚内总面积的 1/10。其余面积要事先种植小麦等禾本科植物,以确保孵化出的幼虫有充足的食物。将孵化床面整平,用干净的饮用水泼湿浇透,然后将越冬的蝗卵均匀分布在床上,再盖以 1 厘米厚的湿细锯末,过 12～15 天就可孵化出小蝗蝻。此时事先种植的禾本科植物也已经出苗,确保充足的食物供应。

如果采用器皿孵化,则按 2:1 的比例准备无毒土壤和新鲜锯末作为育卵基质,含水量要在 10%～15%,在器皿中铺 2～3 厘米厚的基质,将蝗卵均匀撒布在基质上,卵上再盖约 1 厘米的基质,器皿上再铺 1 层薄膜。每 12 小时检查 1 次,发现幼蝗后,用软毛刷将幼蝗拨到棚内的食物上。经过 12～15 天的孵化过程,即可孵化出全部幼蝗。

幼蝗自孵出后,5～7 天蜕 1 次皮,蜕 1 次皮即为 1 龄。刚出卵的幼蝗喜欢取食鲜嫩的麦苗、玉米苗、杂草等各类单子叶植物的嫩叶,有条件的情况下,建议专门培养幼苗喂养。1～3 龄的幼蝗取食量很小，喜欢群居。1～3龄的幼蝗非常纤弱，应注意防雨，以免淹死幼蝗。温度最好控制在25～30℃，光照时间为12小时以上，空气相对湿度保持在15%左右，实践证明这种条件下蝗蝻最活跃、胃口好，有利于生长。

　　3龄以上的蝗虫，飞行速度加快，食量增大，采食范围很广，喜食芦苇、茅草、狼尾草、线连草、盘草以及玉米、小麦、高粱、谷子等。随着虫龄的增长，棚内种植的食物量也要不断增加，基本能满足供应。此期间除了采集部分野杂草喂养外，还可以种植墨西哥玉米草等饲料植物饲喂。为确保棚内食物充足，3龄以上的棚内中午每个棚再投放0.5千克麦麸或人工饲料喂养。

　　蝗虫采食时间在9:00～17:00，所以应该在此时间段投放麦苗、玉米苗、墨西哥玉米草等单子叶植物2～3次。投喂的饲草要均匀地撒在棚内。另外在给蝗虫采集食物时，食物中绝对不能混入带农药的植物，否则蝗虫会大量死亡。如果对采集来的食物没有把握而又必须喂养时（蝗虫最多可以2～3天不喂食），可在水中清洗干净后再进行喂养。

　　4. 综合管理　养殖蝗虫要做到勤喂、勤观察，发现外逃立即捉回。夏天温度高达35℃以上时，就要对养殖棚进行遮阴，在纱网上或者棚内适当洒些水或喷水降温和增加湿度，如果棚内过于干燥，也会造成蝗虫死亡。如果温度低于15℃，蝗虫便不再进食，甚至死亡，要注意采用覆盖塑料薄膜等方式保温。整个养殖期间，要预防阴雨天气，注意遮盖防雨。养殖棚内湿度不能过大，遇到连阴（雨）大，棚内湿度大，而且长时间见不到阳光，蝗虫会不取食饿死或患肠道疾病而死，这时可在棚外罩上塑料布，并挖好排水沟，以降低棚内湿度。如果发生连续大风天，要及时观察防护，防止纱布开裂或边缘被刮起以致蝗虫逃出造成重大损失。整个蝗虫养殖期间，为防止疾病发生，还要注意勤清理，棚内死亡的蝗虫、残剩的食物及粪便不能过多，积存过多时容易霉烂，蝗虫食之便会死亡，因此要及时将棚内清理干净。尤其是棚内湿度大、温度高时，要及时清除，保持棚内清洁卫生。

（九）黄粉虫

也称面包虫，营养价值高，脂肪含量高；其幼虫含粗蛋白51%，粗脂肪18.5%；此外还含有磷、钾、铁、钠、铝等多种微量元素以及动物生长必需的16种氨基酸；每100克干品，含氨基酸高达874.9毫克，其营养价值居各类饲料之首。1千克黄粉虫的营养价值相当于25千克麦麸、20千克混合饲料或1 000千克青饲料。

1. 准备工作　黄粉虫的生活习性是怕热不怕冷，喜阴不喜光。所以养殖场地要宽敞，通风要好，室内光线要暗，防止太阳照射。像废弃的厂房、仓库、大棚都行，或者一间空房就可以。黄粉虫的养殖工具很简单：①养殖盒，是专门养殖黄粉虫幼虫的，同时也可以作为产卵盒使用。尺寸是长100厘米、宽50厘米、高9厘米左右。在四周贴有胶带纸，主要是防止黄粉虫爬出来。②网筛，有两种规格。一种是4毫米×4毫米的，用来隔离幼虫和蛹；一种是12毫米×12毫米，主要是黄粉虫产卵用的。③簸箕和笤。

2. 饲养方法　黄粉虫是杂食性昆虫，饲料简单、来源广，如麸皮、玉米面、鱼粉、豆饼等均可。此外还要喂一些没有农药残留的蔬菜。黄粉虫对甜的食物特别感兴趣，像南瓜、胡萝卜、苹果等均可。

黄粉虫为杂食性动物，不要贪图省事长时间饲喂同一种饲料，应按黄粉虫虫体发育的营养需求科学加工配合饲料，并注意根据其不同生育阶段调整饲料配方。黄粉虫的主要饲料为小麦麸皮，米糠、玉米粉、豆粉或花生粉等作为辅料，饲料不需加水，混匀即可。

除按以上饲料配方外，常需额外补充一些蔬菜叶或瓜果皮，以及时补充其生长所需的水分和维生素C，提高其生长速度。

3. 种虫的选择与饲养　色泽好、个头大、体态壮的老熟幼虫都可作为种虫。种虫的喂养应该是少喂蔬菜多喂麸皮，每天喂1次。至15天左右种虫活动逐渐减少，这说明它们要化蛹了，蛹的初期为乳白色，然后逐渐变黄。在种虫化蛹 6 小时之后，把它与幼虫分离，但分离的时候动作要轻，之后撒上麸皮，7 天左右蛹就可以羽化为成虫了，这时候它们就要开始进食。产卵期要多喂一些含糖量高的食物，这样可以提高它的繁殖率。一只雌成虫一生要产卵 600 多粒，卵长 1 毫米左右，卵壳较薄。如果室温控制在 28℃，7 天就能孵出幼虫。幼虫 5～7 天蜕皮 1 次，要蜕皮 6 次才能成为老熟幼虫。用簸箕分离虫皮，它可以提取甲壳素。虫粪可作为家禽的饲料。

要定期察看，及时饲喂换料、清除粪便、消除隐患。在黄粉虫幼虫期每蜕一次皮应更换一次饲料并筛净虫粪；夏季高温高湿环境要防止饲料发霉；成虫期雌雄交尾，群集成团，温度较高，加之饲料底部有卵粒和虫粪，容易发霉，所以要及时换盘，添喂新鲜饲料。

第六章　胡蜂综合养殖模式

养殖胡蜂怎样才能取得更好的经济效益，这是胡蜂研究者和胡蜂养殖户一直都在思考的问题。

此前一般大家都在胡蜂越冬筑巢上下功夫，这些年胡蜂越冬筑巢问题基本解决了，但是效益提升还有一些难度。原因有几个方面：①养殖空间有限决定了养殖胡蜂巢数量有限；②胡蜂食物不足，影响胡蜂产量；③一些胡蜂种类本身生长发育有限；④病虫害问题等。这几方面正在研究实验中，并已取得初步成效。

近年来的胡蜂养殖实践表明，养殖胡蜂要想取得更高效益，不能将目光仅仅盯在胡蜂高产上，还要重视综合高效利用的问题。也就是说，要在养殖胡蜂的同时结合其他养殖业模式，这样才能取得更大收益。例如，新栽树林可以考虑栽培毛叶、糖枫、豆腐树等经济价值高的树种，同时树林下还可以养殖金蝉，林中兼养天牛、九香虫、蝗虫、豆虫等，这样可以有效提高林地利用率，也有利于胡蜂生长繁殖，经济效益自然更高。

第一节　胡蜂与天牛共养

胡蜂喜欢取食树汁，特别是壳斗科植物的树汁。常见壳斗科树上流出汁液的地方有胡蜂取食，特别是一些受天牛等蛀干害虫危害的虫孔流汁液处，不同种类胡蜂常因争夺取食权而相互争斗；流汁液处夜间常有胡蜂把守，以防其他胡蜂前来取食，这表明树汁液对胡蜂种群生长发育十分重要。胡蜂不取食天牛成虫，天牛幼虫因为在树洞里胡蜂也较难吃到。所以在胡蜂养殖基地的树林里饲养天牛，天牛幼虫蛀食树木后流出树汁，可以供胡蜂吸食，从而促进胡蜂的生长发育。

天牛幼虫，学名蛴螬。天牛幼虫在古代作为珍品供奉神灵和帝王，除食用外，还有化痰消炎的功效。天牛幼虫含有丰富的氨基酸和矿物质，具有很高的营养价值。我国云南等少数民族地区，至今仍保留食用天牛幼虫的习俗。一般是将天牛幼虫油炸后食用，或用火烤后食用，生食天牛幼虫也很普遍。

云南当地居民将寄生或腐生在树木（包括竹材）里的天牛科昆虫的幼虫和蛹统称为"柴虫"，他们在劈柴、伐木和果树修剪的时候，只要发现这类昆虫的幼虫和蛹就会将其收集起来食用。从这个角度讲，柴虫一类就包括当地所有危害林木的天牛科昆虫。另据调查，在云南少数民族地区，天牛、小蠹虫、吉丁虫等蛀干害虫的幼虫统称为柴虫，是当地少数民族喜食的昆虫之一。因此柴虫在云南是指蛀树干的虫子，民间也称"财虫"（发财兴旺之意），又名"木花"。柴虫长2～6厘米，两头呈锥形，身体为乳白色，有红色小斑点儿，无毒；富含蛋白质、脂肪、钙、磷、铁等；它具有养阴益肝的功效，对阴虚盗汗、失眠、小儿"乞牙"及肺结核有一定食疗作用。柴虫有个特性，一般动物烹制时体积会缩小，柴虫烹制后体型却比原来长一半，具有延年益寿、养生美容的作用。此虫经煎炸后，酥脆爽口，佐酒最佳。天牛养殖方法简单，可以购买天牛卵贴在养殖基地的树干上，天牛幼虫孵化出来后钻入树干里让其自然生长即可。

第二节　胡蜂与九香虫共养

胡蜂养殖的树林还可以种瓜类并饲养九香虫等经济虫类，可以取得双重收益。九香虫，即半翅目异翅亚目蝽科的瓜黑蝽，别名黑兜虫，是一种会飞的青黑色昆虫，指甲般大小。春夏季节，爬在农作物的茎叶上吸食浆液，不留心碰上，便放出一种奇臭难状的气体，使人避而远之，因而也有"屁巴虫"或"打屁虫"的俗名。

九香虫含有九香虫油，一经炒熟之后，即是一种香美可口、祛病延年的药用美食，"九香虫"的美称因此而来。《本草纲目》记载：咸温无毒，理气止痛，温中壮阳，"久服益人""土人多取之，以充人事"。《中华人民共和国药典》记载：九香虫理气止痛，温中助阳。九香虫可用于胃寒胀痛、肝胃气痛、肾虚阳痿、腰膝酸痛的治疗。《中药大辞典》记载：九香虫对于神经性胃病，精神忧郁而致的心口痛，脾肾阳虚的腰膝酸软乏力、阳痿、遗尿等症有显著疗效。

九香虫含脂肪、蛋白质、甲壳素、维生素、尿嘧啶、黄嘌呤、次黄嘌呤以及铁、铜、锌等微量元素，其散发的臭气主要由于含有醛或酮类物质。

九香虫是以花生、菜豆、茄子、刺槐、苹果、梨、藤萝等植物的汁液为食物，每年繁殖一代，成虫每年4月开始活动，5月底开始产卵，6月上旬开始孵化，成虫7月中旬开始死亡，新成虫于7月底开始羽化，10月上旬开始越冬。可栽种上述植物，供九香虫取食。每平方米放养100只成虫，让其自行取食瓜类汁液。将引进或捕捉的成虫释放于上述植物上，让其自行吸取汁液，并完成交配、产卵、孵化等生殖过程，不需要人工管理。待若虫孵出后，注意预防暴风，以免把若虫吹落地面而造成大量死亡，尤其对1龄和2龄若虫更应留意。九香虫的成虫和若虫均为植食性，都以植物藤蔓的汁液为食。因此，应根据饲养数量种植足够的瓜类植物。经观察，九香虫最喜吸食南瓜藤蔓的汁液，所以栽种南瓜为宜。为保证瓜藤汁液量充足，必须注意给植物增施肥料并勤于浇水。九香虫以成虫越冬，在饲养基地需设置合适的越冬场地。一般放置石板或水泥板，板与地面要有一定的空间，让成虫在石板或水泥板下越冬。地面需要保持湿润，既不能干燥，又不能被水淹没。板上可以垫一些稻草以防寒，让成虫安全度过冬天。九香虫很少发生病害，要保持地面卫生。九香虫对农药敏感，注意防止农药毒害。10 月幼虫老熟羽化为成虫后捕捉；将其放在瓶罐内，洒入白酒，每 5 千克成虫用 200 毫升白酒，盖好闷死；或者把成虫装入布袋内，放在沸水里烫死，取出晒干保存，防止虫蛀和发霉。

第三节　胡蜂与金蝉共养

胡蜂在树林间活动觅食，金蝉在树林地下生长，既合理利用了树林空间又不影响胡蜂养殖。这种养殖方式经济高效，可以取得很好的双重收益（图 6-1）。

图 6-1　金　蝉

1. 金蝉卵枝孵化方法　金蝉养殖孵化方法越来越多，发展趋势呈简单化、规模化。按场地大体上可分为：室内孵化、野外半自然半人工模式孵化、屋顶孵化、大棚孵化和拱棚孵化等，还有到殖种季节时直接插到树林里开始孵化。按管理方式可分为手工喷水孵化和自动喷水孵化。具体养殖时根据自己的实际情况确定孵化方法。

2. 收集蝉蚁　一般孵化经过 30 天左右的时候就要用放大镜注意观察蝉卵的发育情况。孵化前的蝉卵通体是白色的。一般在 30 天左右的时候蝉卵开始出现红眼，刚开始的时候红颜色很淡，经过 10 天左右的时间卵的红眼会慢慢加深变成深红色，这个时期称为红眼期。再发展会变为黑色，称为黑眼期。蝉卵根据孵化的环境不同出现红眼的时间也不同。一般大概 6 月 5 日以后各种孵化环境条件下都会发育出红眼点。这个时候蝉卵在卵枝里面蜕掉外面卵皮蜕变为蝉蚁，这个时期称为蜕皮期。在金蝉卵进入黑眼期的时候，不在孵化盆里孵化的就需要把金蝉卵枝竖放在架上，下面放数个收集蝉蚁的盆，在盆中铺垫 10～15 厘米厚的细沙土（注意不是纯沙子）。沙土的作用首先是吸湿。在给卵枝盆洒水的时候，蝉卵枝多余的水分会迅速渗入沙土里。卵枝底部土壤表面太湿会把蝉蚁淹死，所以盆下面最好钻个洞，以便排除多余的水。其次，蝉蚁在沙土湿润的环境里可以保证活三天左右。如果干燥的情况下，蝉蚁仅有几小时的寿命。采用光滑的可以渗水的布料（不渗水的材料容易粘住蝉蚁），可以做成漏斗形状，承接在架子上的卵枝下面，布中间剪个小孔，漏斗口下面放上一个盆接着，让孵出的卵顺着漏斗形状的布爬下，落到盆里。每天收集一次蝉蚁，每天早晨 9:00 左右把盆里混有蝉蚁的沙土播撒到树林下面。

3. 金蝉卵枝殖种 殖种前需要先去除蚂蚁，否则蚂蚁会吃掉蝉蚁，导致产量下降。需要提前一周和在养殖期间都必须用专用、无毒、优质的杀蚁药除去蚂蚁，一般的蚂蚁药有毒效果也不好。近几年来开始广泛采用撒播殖种法养殖金蝉，包括插卵枝殖种法、撒蝉蚁殖种法、撒卵枝殖种法与挂卵枝殖种法。

4. 金蝉生长期管理 从殖种完毕到金蝉开始出土为金蝉生长期。为了提高产量，要加强此期间管理。需要注意以下几方面：

（1）防积水和水灾 养殖期间的树林内区域要注意防止积水和长时间过湿，以防土壤因缺氧而使若虫死亡。因此，应选择高燥地块种树养蝉，低洼的地方要事先挖好排水沟。

（2）过度干旱时浇水 若遇长时间地面干旱，土壤干硬，导致树生长不良和部分小毛细根干枯，金蝉幼虫的食物来源受到影响，这就影响到金蝉的存活了，虽然只要树不旱死，蝉就不会死亡，但树不旺则蝉不壮，影响树木生长和蝉的发育，也会降低效益。因此，干旱时也应适当浇水。

（3）人工除草 树下长草时尽量人工除草，尽量不要使用除草剂，禁止使用胺肥和内吸性剧毒农药。

（4）殖种后不要松土　殖种后不要用锄头或松土机故意松土。金蝉1龄幼虫集中在上面土层，松土会使金蝉幼虫直接受到损害，降低经济效益。

（5）巡看与灭蚁　一周左右巡看一次养蝉树林，防止有意外损害发生，必须注意蚂蚁等天敌的危害，要用无毒的蚂蚁药除尽蚂蚁。操作上可以围绕林地四周边沿打药，形成一个防蚁隔离带，每次雨后都要重喷一次药剂。

（6）金蝉高产管理要点　金蝉养殖高产的基本条件是要把枝条质量、保存方法、孵化、前期准备、殖种时间及方法、后期管理等各个环节上的技术要点和细节落实到实际操作中，尽可能地满足金蝉在越冬、孵化、成长过程中的最适条件。

（7）金蝉养殖殖种频率　因为每年殖种的金蝉大部分集中在一年内出土，而且一般出土的金蝉被全部捕捉出售，所以要想获得高产就需要每年都殖种一次蝉卵。

第七章　胡蜂天敌、病虫害及灾害防治

第一节　自然灾害和农药危害

恶劣天气如风暴、气温低、高热高湿或者大雨等导致蜂王死亡，失去了母蜂照顾的工蜂可能因为饥饿全部死亡，幼虫也可能被羽化的工蜂取食。

通常，胡蜂巢能够抵御一定的自然风雨，但有些树巢或地巢会被强风或强降雨毁灭。在蜂王建巢初期，胡蜂营建的树巢经常被风刮掉或被雨淋湿。原因是在初筑期，蜂巢仅顶部一小部分与树枝黏结，不够结实。后期蜂巢巧妙地与树枝结合在一起，蜂巢上部还涂上了一层防雨物质，抵抗风雨的能力才有了提高。但是风力过猛时，仍然难免树倒巢毁。一些胡蜂的地下巢，偶然也可能因为下大雨时雨水倒灌而损毁。

高热高湿或者大雨可能导致死王。所谓死王就是胡蜂在筑巢期间蜂王死亡，这是胡蜂养殖时经常遇到的问题。筑巢时期出现死王时，留下的蜂蛹又无法人工饲喂，有的已经产生工蜂了，这时候如果还有单王可以直接移植过来。

胡蜂在筑巢期间出现死王主要原因就是温湿度不适宜，特别是在5～6月的时候，有的地方天气已经很热了，高温会造成幼虫死亡，出现黑蛹，接下来就是蜂王死亡。有时筑巢的时期天气很热，胡蜂根本无力在筑巢大棚里面进行筑巢。这时就要搬出来到野外树下进行喂养了，但是要注意防雨。5～6月的时候有时大雨比较多，树下没有在大棚里防雨效果好。这时候在筑巢树筒的胡蜂最适宜湿度是在 40%～70%，如果没有做好防雨措施会造成胡蜂筑巢箱全部淋湿，湿度过大也会造成蜂王的死亡，凹纹胡蜂在还没做好外壳时这种情况较常见。

胡蜂对农药极其敏感，养殖场所及其附近严禁喷洒农药。杀虫剂可能会直接杀死胡蜂，农田或水源农药残留也可能杀死胡蜂成虫，甚至通过工蜂的饲喂也杀死幼虫。农药中毒时，可见巢穴附近有大量胡蜂成虫死亡。

第二节　天敌及其防治

一、捕食性天敌

至少有 40 种以上的动物取食胡蜂。獾、蟾蜍、青蛙等动物常会在巢下活动，直接捕食胡蜂，蜂鹰、蜂虎、乌鸦、大山雀、麻雀和喜鹊等鸟类飞临巢上啄食胡蜂幼虫，使蜂巢破碎。

蜘蛛：蜘蛛会通过结网来捕食胡蜂，吸食体液。不过胡蜂常在蜘蛛到来之前就挣脱。蜘蛛也会找到有胡蜂居住的洞，这时每巢胡蜂多数还只有蜂王，待蜂王出巢后就偷吃蜂卵或者蜂蛹，等蜂蛹变成工蜂后又开始吃工蜂，但会将工蜂始终控制在 10 只内。

蝙蝠：蝙蝠找到胡蜂蜂巢后会吃掉出巢、归巢或者窝壳上的工蜂，直到将巢外面工蜂吃完为止，然后拍打蜂巢让里面的蜂出来再一一吃掉，最终将整巢的胡蜂全部吃完。

蚂蚁：蚂蚁主要偷食胡蜂巢里的卵粒，也会爬入巢中咬死胡蜂幼虫和蛹。

老鼠：老鼠无论在室内还是野外都可以看到，食性很杂，老鼠对越冬蜂箱里的抱团蜂危害很大。冬季越冬时，老鼠会咬食成群越冬的胡蜂，往往会把整箱的越冬抱团蜂吃光，这些都需要加强防范。但在蜂群强势的季节里对胡蜂的威胁并不大，也很少去招惹胡蜂。

鸟类：鹰科中的蜂鹰脸部长有密集的羽毛，不怕蜂群的蜇刺，喜欢食用蜂类，能挖掘蜂巢，吞食蜂卵、蜂幼虫甚至胡蜂成虫。蜂虎飞行敏捷，可以在飞行中捕食胡蜂。对这些鸟类不可以伤害，可以养鹅对付或架设隔离网防护。

黄腰狸：一般3千克左右，形似小狗，尾巴长度和体长差不多，会上树会挖洞，取食胡蜂巢里的蜂蛹和幼虫，防治方法是用夹子夹或者网捕。

食虫虻：属双翅目，与苍蝇是近亲，外形有点类似于大苍蝇。但食虫虻性情凶猛，可捕食几乎所有昆虫，如胡蜂、蝉、椿象、蝗虫、蛾、蝶、蜻蜓、步甲等，还可以捕食蜘蛛。食虫虻常停留在草茎上，看到飞行中的胡蜂等昆虫即飞冲过去，从后面用多刺的双足夹住胡蜂，然后用口器将神经毒素和消化液注入胡蜂体内，吸取其汁液（图7-1）。其幼虫生活在落叶、泥土中，捕食其他昆虫（如蛴螬）为生。

在湖北荆门发现的食虫虻有两种（图7-2）。一种通体黑色，体长2厘米，翅展3.5厘米；前翅黑灰色，膜质透明；后翅特化为一对短而细的平衡棒，棒顶有一乳白色的小球；两复眼大而突出。腹部8节。另一种个体大，体长3.5厘米，翅展5.3厘米；头胸腹基本褐色，前翅浅黄色透明；平衡棒及顶端小球米黄色。

图7-1　食虫虻在捕食胡蜂　　　图7-2　黑色食虫虻（湖北荆门）
（刘云等，2017）　　　　　　（刘云等，2017）

此外，螳螂也能捕食胡蜂。壁虎也会于夜间爬上蜂巢咬食成蜂、幼虫及蛹。

能严重威胁全巢胡蜂安全的天敌并不多，金环胡蜂对胡蜂类昆虫杀害极大。金环胡蜂等大型胡蜂能招引同伴对中小型胡蜂如凹纹胡蜂、黄胡蜂乃至近胡蜂蜂巢发动群体攻击，从而掠夺幼虫和蛹等所有资源。蛛蜂也能捕食胡蜂成蜂。胡蜂的这些天敌是影响胡蜂种群密度和生长发育的主要因素。消灭天敌是胡蜂种群增长、获得高产的关键因素之一。

二、寄生性天敌

寄生巢室裸露的马蜂亚科的昆虫有 40 多种，寄生有蜂巢保护的胡蜂亚科的昆虫有 20 多种。这些寄生性天敌主要有膜翅目的寄生蜂如钩腹蜂，双翅目的眼蝇，鳞翅目的螟蛾等；此外还有蜂螨科和双翅目寄蝇科等寄生性天敌昆虫。

1. 黄尾巢螟　其中危害蜂巢最严重的天敌是鳞翅目螟蛾科的黄尾巢螟，俗名蜂虱子，是对胡蜂蜂房内幼虫严重致害的天敌（图 7-3）。

图 7-3　黄尾巢螟

在取胡蜂蛹时，常可取到类似胡蜂没有封盖的幼虫一样的"蛹虫"。其皮肤粗糙，其嘴部有像蝉虫一样可以伸缩的口器。有毒，人误食后会头昏眼花心慌。成虫有大绿头苍蝇大小，头部黄橙色，夜间活动，将卵产在蜂巢内，卵经过 4～5 天后孵化出幼虫，幼虫活跃地穿行于蜂巢内，以胡蜂幼虫为食，对蜂巢毁坏率可达 70％（图 7-4）。胡蜂晚上伏于巢上休息，对其防范性较弱，一旦巢螟入侵蜂巢，可使大量胡蜂的幼虫和蛹死亡。

根据黄尾巢螟有不善飞翔及夜间活动的习性，一是让胡蜂将巢或蜂箱建在或放在离地面较高（2 米以上）的位置，可减少巢螟的危害。二是人工饲养胡蜂的蜂箱，在巢螟产卵的 2～3 天内，每晚将蜂箱的门关上，就可避免巢螟进入蜂箱内产卵，到次日早晨再将蜂箱门打开，让胡蜂外出觅食活动。

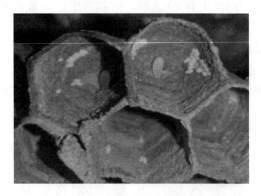

图 7-4　寄生在胡蜂巢的黄尾巢螟卵

2. 胡蜂巢螟　螟蛾科昆虫，也叫马蜂窝螟、巢虫、巢蛾，蜂巢危害率一般在 40％，重者达 80％以上，严重影响养殖。胡蜂巢螟在河南虞城一年发生 4 代。越冬幼虫 5 月上中旬化蛹，下旬羽化。成虫长 7～8 毫米，翅展 16～18 毫米，体色鲜艳。雌虫大于雄虫。羽化一天后开始交尾产卵，卵期 4～5 天。幼虫期 11～12 天，幼虫细长灰白色，体长 16 毫米，行动灵敏。蛹棕褐色或淡褐色，长 6～10 毫米，蛹期 10～11 天。7 月下旬羽化第 2 代成虫。8 月下旬出现第 3 代成虫。幼虫在蜂巢内昼夜活动，取食蜂巢、胡蜂幼虫和蛹。老熟幼虫吐丝封闭蛹孔，呈花纹状，与胡蜂封闭巢孔呈平板状不同。在蜂巢内化蛹，巢虫羽化后在蜂巢内潜伏，夜间产卵于蜂巢之上。防治措施：使用可以关闭的安全蜂箱，早上开启，晚上关闭；经常检查，及时摘除被害蜂巢防止蔓延。

3. 寄蝇科昆虫　成虫将卵产于蜂室内，卵白色，排列呈线状，孵化出的幼虫取食胡蜂的卵和幼虫。

4. 捻翅虫　饲养的胡蜂巢中，最后一代蜂很多被捻翅目昆虫如黄边胡蜂捻翅虫寄生，捻翅虫寄生于胡蜂第4～7腹节间膜，以胡蜂体液为食，数量1～6只/蜂，寄生率55%～65%，平均每只胡蜂科寄生2～3只。捻翅虫的寄生是影响胡蜂活动和寿命的直接因素。被寄生后的工蜂不一定致死，常停息在蜂脾上方或蜂巢外壳，外出会迷失方向，不再劳动，如果胡蜂工蜂在建巢初期被寄生，蜂群丧失了仅有的劳力，可造成毁灭性的打击。

捻翅目昆虫前翅退化成棒。捻翅目全目昆虫身体微小，雌雄异型。雄虫体长4～5.5毫米，头宽体黑（图7-5）。复眼一对，发达且突出，触角三节。胸部长2.9毫米。伪平衡棒一对。后翅一对，膜质如扇形，展开后长于躯干，翅长6.14毫米，翅脉五条放射状。足三对。腹部共分10节。捻翅虫雄虫腹部有S状阳具（图7-6）。雌虫终生为幼虫态，无翅无足，蛆状，体长10.37～11.20毫米，头小，常与胸合为一体；腹部膜质，长袋形，无产卵器（图7-7）。

图 7-5　捻翅虫雄虫

（滕跃中等，2009）

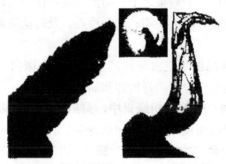

图 7-6　雄虫腹部及 S 状阳具显微特征
（滕跃中等，2009）

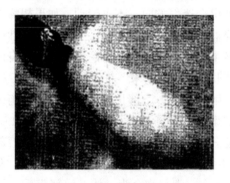

图 7-7　捻翅目雌虫体
（滕跃中等，2009）

捻翅虫发育至成虫后，雌虫仍留寄主体内，在寄主体壁咬开一小口，从寄主腹部钻出，将其头、胸结合处的生殖孔露于体外与雄虫交配受精。雄虫羽化离开寄主，不取食，生命短促，飞行觅偶，与寄主体内的雌虫交配。当卵在雌虫体内发育完成后，卵巢破裂，卵释放于血腔中，卵无卵壳，由外层营养膜从血腔中汲取营养，完成发育。幼虫孵化后从母体育儿道中爬出，钻出寄主体外寻找新的寄主。

5. 眼蝇　会寄生黄胡蜂，它们会聚集在蜂巢入口，向回巢的胡蜂猛冲，接触的瞬间将卵产在胡蜂体内。眼蝇的幼虫成团聚集在花间草尖，等待寄主路过，而后迅速爬上寄主虫体，胡蜂将它们带回蜂巢后会快速分散取食巢内的幼虫。

6. 巨触虻　在山西昔阳发现胡蜂腹部有巨触虻的蛹虫。观察发现，室内常温饲养的胡蜂巨触虻寄生率高达 50％，并且每只胡蜂寄生 2～5 只巨触虻幼虫（胡蜂死亡后，巨触虻蛹不能羽化）。巨触虻羽化后，80％胡蜂体力衰竭半天后死亡，20％当时死亡，足以破坏胡蜂的繁殖，甚至毁灭胡蜂。巨触虻羽化后飞离胡蜂巢觅食、交配，继续世代更替。

巨触虻幼虫在胡蜂体内部分通体白色，分 11 节，前端粗、后端细，附着于胡蜂气囊，与胡蜂体轴平行，体外部分为一几丁质扁形盾片。巨触虻蛹为围蛹，蛹壳几丁质棕黄色，以黑色环带分节，共 9 节。头部表面中部有五个突起，如猪脸状。尾部有茧衣和排泄物。

巨触虻属膜翅目，由头、胸、腹三部分组成（图 7-8）。全身以棕黑色为主。头部的前面观呈长方形，其两侧具一对半球状复眼，复眼由 120 个左右单眼组成，单眼由规则的六边形黑色毛框相间，复眼由粗壮的眼柄与头相连。头顶复眼中间着生一对巨型触角。胸部分 3 节，即前胸、中胸和后胸。翅一对，膜质，翅脉呈辐射状，翅展大于体长。腹部分 9 节，棕红偏黑。产卵器位于腹部末端，基部膨大呈卵球形，正中着生黄色、S 形产卵针一根，翻转藏于泄殖腔内。足分前、中、后三对。

图 7-8　巨触虻

（郭成俊等，2008）

第三节　病害及其防治

一、常见病害

在胡蜂养殖过程中，胡蜂经常受到各类疾病的威胁，尤其在夏季高温高湿的环境中发病率更高。这些病害的发生严重影响胡蜂养殖的经济效益，因此，做好胡蜂病害的防治是十分重要的。

1. 幼虫腐臭病　最为常见、严重的疾病，多发于幼虫和蛹身上，在高温、多雨的潮湿季节如果蜂巢过密，极易发生。幼虫或蛹被感染后，虫体由白变黑，发出腐臭的味道，传播速度极快，严重时可导致1/3以上的幼虫和蛹感染，会很快发病死亡。巢脾呈现花子脾，从而影响蜂群的发展，严重影响经济效益。一旦发生幼虫腐臭病，应及时将有病蜂巢移走，向其他蜂巢喷洒抗生素或1∶20的医用四环素糖粉消毒灭菌，以防止幼虫腐臭病蔓延。预防时可以将蜂箱疏散，也可在蜂巢上用喷雾器喷洒抗生素进行预防。

2. 黑蛹病　该病主要表现为幼虫中期大量死亡，变黑发臭被成虫扔出巢穴，此病多发于8～9月，若不及时治疗往往会造成蜂蛹全死。此病应注意与农药中毒区别：农药中毒在巢穴前或周围有大量成虫死亡；黑蛹病不损害成虫，因此无成虫死亡。其发病原因多为食物污染引起，一旦出现此病首先应该立即对食物瓶、导管、海绵等进行消毒，可使用75%的乙醇浸泡1小时，同时检查配制的食物是否出现混浊、沉淀、臭味等变质情况，若有变质则弃之不可再喂。另外，在新配制食物过滤前，每千克加入25%的酒精土霉素液10毫升（0.25克/片的土霉素共10片碾细，置10毫升90%的酒精中浸泡15分钟后，充分溶解），再加入液体总量30%的蜂蜜，过滤后供给，连续使用一周即可。此外，蜂巢内温度过高也会导致黑蛹病发生。因此，要注意保持蜂巢的适当遮阴和通风。

3. 腹泻病 此病发病于成虫，其症状为成虫飞行无力，巢穴周围地上有胡蜂爬行，胡蜂尾部有丝状物体相连。此病多为食物里脂肪、蛋白含量过高引起，一般无须用药，在配制食物时去掉牛奶。若地上出现有大量的胡蜂爬行时，可在配制时每千克加入 30% 的山楂、菠蔻液 200 毫升（取山楂、菠蔻、藿香各 50 克捣细加水 300 毫升浸泡 20 分钟，加热至微沸 5 分钟后取液，加等量蜂蜜或葡萄糖过滤），连续使用一周可痊愈。在配制的胡蜂食物中增加药物时需同时加以蜂蜜或葡萄糖等甜味物质。如果不加，胡蜂拒绝采食。

4. 掉蛹病 这种病暴发于 2015 年的西南某省，可能是一种细菌性的传染病。主要表现是大幼虫和封盖蛹严重脱落，蜂王把封盖蛹拖出来，这些封盖蛹，在没有死亡之前，局部颜色变黑。一旦感染这种病菌，筑巢蜂群几乎不会羽化出正常的新蜂，少量羽化出来的也是畸形。防治应该以防止病原传入为主。尽量不要到疫病区引种，不明底细、来源不明的蜂种尽量少引进。这种病不同于固体和液体食物不足导致幼虫营养不良和脱水，并有少量幼虫脱落死亡的病。还有幼虫死亡病，建巢初期幼虫也常出现大量死亡，常见工蜂将死亡幼虫移出巢外，丢弃在蜂巢周围。此外，胡蜂还会被真菌侵染，如白僵菌，该菌能寄生多种昆虫。

二、病害预防药

目前已经研制出病害预防药，可联系本书作者购买。该药专门针对单一或者混合感染的病毒病、细菌病（腐臭病、黑子病、死蛹病、烂子病）；针对胡蜂王不筑巢，或筑巢后弃巢，不吃食，患肠道病死亡，以及发病的蜂巢，封盖子被咬开，化蛹前的预蛹被蜂王拉出扔掉。

用法：①兑在 1 千克蜂蜜水里面喂蜂王，让蜂王去喂幼虫。如果蜂王不采食的，充分混匀后喷蜂巢，让药液喷到巢房内的虫体上，使虫体湿润；直到虫体身上有一层薄薄的水雾为止，同时也喷蜂王。②每天早晚各喷雾一次。③用药 10 天后，不再新增病虫或被咬开封盖的病虫。再连续用药 4～5 天，以巩固疗效，防止复发，达到康复的目的。注意事项：喷药和喂药结合进行，可以加快康复进程。优势特点：①用药后第 2 天立竿见影，蜂王精神好转，清理死烂虫蛹非常积极。②直接兑饮用水就可以使用，不需要自己熬制，节省时间。

第八章　产品采收、加工及储存

第一节　胡蜂的采收

养殖胡蜂的目的在于提高产量，为达到此目的，一年只采集一次的，采收季节一定要严格把握，一般在蜂蛹最多的时候采收。采摘期应掌握在高龄幼虫至变蛹期时最适宜。胡蜂群势因种类不同差异很大，一般最后一代胡蜂，总数可达4 000只以上。蜂巢重5～25千克不等，甚至有达100千克以上的。一般出现在越冬代的前一代（即倒数第二代）。7～9月，蜂蛹体积大、营养高、质量最好（乳白色的蜂蛹最多），是采摘胡蜂蜂蛹、幼虫的最佳时机。采收晚了，蜂蛹羽化，巢室会空（图8-1）。

图8-1　采收晚的蜂巢

如果是一年多次采集的，随着蜂群的不断壮大，到 7 月以后，待胡蜂种群密度增加到较大时（通过蜂巢大小可以判断，蜂巢大的可以采收蜂蛹）采收。

采收时需要注意自我保护，重点是防止胡蜂大量的蜇刺，采收者需要穿质量好的防胡蜂服采收，严格防止工蜂扑到脸上。如果蜂毒喷射入眼中，会引起严重的中毒及过敏反应。

1. 树上的胡蜂巢内蜂蛹的采收方法　一般不采用毁巢性采收，此法产量低，经济效益也低。所以一般采用分期采收方法。防护准备：如头戴防胡蜂帽，脸戴防胡蜂面罩，手戴防胡蜂手套，身穿皮衣等。工具准备：薄刃割刀（要求刀薄而快）或小手锯及盛装蜂蛹容器等。助手一般 1～3 人，依情况而定。

（1）横向取蜂蛹　方法是先适时用烟熏驱散胡蜂，然后剥去蜂巢外壳，观察巢脾成熟度。根据其封盖面积来确定是否采集，如果成熟 70% 以上，可以采收大部分。驱蜂离脾后用左手托巢脾，右手操刀，从两巢脾间割之。一定要将两巢脾间的所有连接点全部割开，再拉蜂脾，不可用力硬拉出蜂脾，以防毁坏相连的其他蜂脾。清理割下来的巢脾，留下活着的成蜂。一定要将巢脾上的成蜂清除干净以防止蜇人引起意外伤害。认真检查蜂王是否在割下来的巢脾上，如果在就还放回蜂巢内，防止蜂群因失王而使工蜂产卵，蜂群衰败。在割蜂脾时，留下的巢脾至少应有全部的 1/3，确保大多数成蜂有栖息地。最底层空脾最好再固定到留下来的巢脾下面，因其蜂王已经产上卵，在下次采收时，此巢脾成熟度较好，工蜂再造出的脾平整。

（2）纵开取蜂蛹　爬上挂放蜂巢的树上等接近蜂巢的地方，靠近蜂巢用刀轻轻地纵向将蜂巢破成两半。胡蜂的蜂巢有多层蜂脾，通常将两半的蜂巢隔层抽取装满胡蜂幼虫的蜂脾，然后将破开的一半蜂巢又放回蜂巢原处，用细铁丝捆绑成完整的蜂巢。胡蜂会自然修复失去的蜂巢，继续在蜂巢内产卵和哺育子代，待到胡蜂种群增大后又可以再次取蜂蛹。应注意观察，看看胡蜂对巢脾的修复进度，有无其他群的胡蜂侵夺，如果有要及时进行预防，不要晚了才采取行动。

2. 土洞中的蜂蛹采收 在地下土洞内养殖的胡蜂，于每年的 10 月 15～20 日以后开始衰败。因此，最后集中采蜂的时间应在 9 月 20 日至 10 月 10 日这段时间。在采蛹前要在晚上进行观察，如果蜂巢出口外面夜间守卫的工蜂多，说明巢上的蛹多幼虫少，蛹多时可以采收；如果守卫的工蜂少，说明巢上的幼虫多蛹少，还不能采收，还要过 5 天左右再看看是否蛹多，再决定是否能采收。

采蛹时必须穿好专用防胡蜂服，在远处向蜂巢出入口喷水或用树枝蘸清水洒，大部分守卫的工蜂会进入蜂巢，这时用一团黏稠的泥团迅速把蜂巢出口堵紧，再用明火把没有进入蜂巢出入口的工蜂全部烧死，以防被蜇。

再用一根稍粗于蜂笼的木棒从蜂巢出口的泥团中间插入蜂巢，抽出木棒，将蜂笼口迅速插入，再用一根竹管粗的小棍插进蜂巢里面，抽出小棒，换插入竹管或细胶管，用口向蜂巢内吹入带酒味等的刺激气体，拍打蜂巢，把蜂巢内的工蜂撵出来进入蜂笼，一只蜂笼装满了再装另一只，直到蜂巢里面不再出来蜂为止，接换蜂笼前点燃一小段导火绳，熏一下蜂巢门和笼口再换，防止胡蜂飞出伤人。

移走蜂笼点燃 2～3 根 30 厘米长的导火绳迅速插入蜂巢，堵上蜂巢出口，待火绳燃完 3～4 分钟后挖开蜂巢，把被熏晕的胡蜂用夹子夹入蜂笼，夹时注意把雄蜂和能受精的蜂王单独夹入大口的玻璃瓶内，瓶口用纱布遮盖（雄蜂尾部不尖不会蜇人，一般蜂王比工蜂大 1/3 左右，容易识别），夹完蜂后取出蜂巢，再仔细检查巢上的成蜂是否夹完。

把蜂巢上最下面一片蜂脾取下固定在木棒上放回蜂巢，把蜂王放在巢上，重新垒好蜂巢，留好蜂巢出口，当快垒好时留一小孔，待搬走蜂蛹、蜂笼和用具后，把玻璃瓶内的雄蜂和能受精的雌蜂倒入蜂巢迅速垒好，留门离开，这样做既可使在山上没有回巢的工蜂第二天有巢可归不到处乱飞伤人，也可让较多的雌蜂进入冬眠成为次年的蜂王。

采收的工蜂和带蛹的蜂巢，应该抓紧时间送往收购点出售，时间尽可能不要超过3天，因为已封盖的蜂蛹还在继续羽化，时间放得长了，蜂蛹羽化为成虫会降低商品质量。以大胡蜂为例，2~3人两个晚上，如果养殖和采收适时可收取蜂蛹10~20千克。

3. 灭绝式采收 在居民区已经发现的胡蜂蜂巢，为了居民的安全，可以灭绝式采集胡蜂，郭云胶等介绍方法如下。

（1）蜂笼关胡蜂 对于地面和树上的蜂巢，捕蜂者穿上防胡蜂服，在白天用小钢锯直接锯开胡蜂蜂巢的连接物用大厚床单包裹取走蜂巢，回去后再锯开胡蜂巢一部分（半椭圆形）露出蜂脾，取出蜂幼虫、蜂蛹。对于土中的蜂巢，夜晚将蜂笼罩在胡蜂蜂巢的进出口，用力敲打蜂巢上方的土层，使蜂巢中的工蜂受到惊吓后成群从进出口爬出，进入蜂笼内。待所有工蜂进入蜂笼后，用铁铲等挖开土洞，搬走蜂巢及里面的蜂幼虫及蜂蛹。这样蜂幼虫、蜂蛹和所有工蜂是活的，蜂王也是活的。老熟工蜂可以用来配制蜂毒酒，也能得到胡蜂种源。

（2）毒杀胡蜂 发现地面上的胡蜂巢后，捕蜂者穿上防胡蜂服用弹弓将被农药浸泡过的石头、硬土块等射入或用手扔进蜂巢内，待工蜂被毒死或者飞走后，摘下蜂巢及其中的蜂幼虫、蜂蛹。对于土中的蜂巢将农药装于矿泉水瓶中，在夜晚将开口的农药瓶放入地下的蜂巢内，待蜂巢内的工蜂全部被毒杀后，挖开土洞，搬走蜂巢、蜂幼虫和蜂蛹。毒杀的结果是所有工蜂、雄蜂、雌蜂被毒死，不能获得种源，农药残留多，不能食用。

（3）熏杀胡蜂 发现地面或是地下的胡蜂巢后，穿防胡蜂服，把点燃的导火索伸进蜂巢内，待里面的胡蜂被熏昏后，迅速锯开或挖开蜂巢，取走蜂巢、蜂幼虫及蜂蛹。

（4）火烧胡蜂 发现胡蜂巢后，利用胡蜂的趋光性，在夜晚将火把点燃后放在胡蜂的蜂巢边或土中的胡蜂巢的进出口，工蜂扑向火把。待所有工蜂被烧死后，取出蜂巢及其中的蜂幼虫和蜂蛹。结果是工蜂、雄蜂、雌蜂都被烧死，蜂王也被烧死，不能获得种源。

（5）蜂巢的采集 秋后蜂群离巢后即可采收，或者在胡蜂越冬时进行，将蜂箱里的蜂巢摘下，晒干即成中药露蜂房。当年的新巢为佳品，老巢常遭多种蛀食昆虫寄生，而使巢体破损，失去药用价值。采回的蜂巢尽快晒干，将巢中的死蜂倒出，整体或切断放在干燥处保存。

第二节　加工和储存

蜂巢采回后用尼龙纱网将其包住，然后在烟雾中熏 2～5 分钟，以驱除躲藏在蜂巢内的个别成蜂。熏后解开纱网除去蜂巢表面上的泥土、残渣、树皮等杂质。

1. 胡蜂幼虫及蛹加工 蜂蛹系鲜活产品，除鲜炒取食外，蜂蛹作为一种新开发的营养食品，其加工技术主要是通过采摘、取蛹、漂洗、盐水中煮沸、晾干（烘干），真空分装后低温保存；保鲜液保存、晒干、蒸蛹等方法保存。大部分采用干制法加工，以便于贮藏、包装等，能够保证其加工质量，方法简便，操作容易，贮藏期可达 6 个月以上。蜂蛹是含蛋白很高的食品，离开蜂巢几小时就会变质腐败，所以采收的蜂蛹在加工前不要摘离蜂巢。

（1）人工取蛹方法 一种是划开卵盘层，用小夹子撤去蛹室封口膜，将蛹及幼虫从蜂室内逐个夹出，适合量少时采用；另一种是将蜂房口朝下在明火中烧 1～3 分钟，使室封口膜烧光并露出蛹头，再用手轻轻振拍使蛹及幼虫掉出来，个别不能掉出再用小夹子夹取；还可以将蜂脾上的蛹室封口膜全部撕开，将蜂脾朝下；放一干净器物，用手敲击使幼虫和蛹落入器物中，个别不脱落的需撕开卵房取出。

（2）水焯 加工蜂蛹时，要注意将蛹和幼虫分隔，取 80～90℃的热水，倒入清洗过的幼虫和蛹，焯一下，捞起，晾干。蜂蛹取出后置于干净的竹箕或盆中。幼虫必须用滚水烫后去除体内的"黑心"（粪便），然后与蛹归并。

（3）盐水焯烫　将菜锅洗净，倒入适量水并放入少量食盐（盐水浓度为 2.5%～3.3%），然后将水烧开，把剥出的蜂蛹、幼虫放入沸水中焯 3～5 分钟。如蛹多可分多次进行。焯后捞出沥干，薄摊于竹筛上。

（4）晾（烘）干蜂蛹　经过沸水焯后的蜂蛹要及时沥干水分，薄摊于竹筛上置阳光下晾晒。如遇阴雨天可用火烘干，蛹体含水量应控制在 14% 以下。也可在晾（烘）干的基础上用菜油炸二三分钟后捞出沥干，这样蜂蛹的外观色泽更为光滑油亮。

（5）蜂蛹包装　干制加工后的蜂蛹，需除去粉末及碎片，取体形完整、大小一致的蜂蛹再包装。选食品卫生袋，按 250、500、1 000 克等规格包装。内袋应密封不透气，标上加工日期，放置干燥处贮存或销售。

（6）盐渍蜂蛹　将蜂脾用蒸笼等蒸具蒸熟，取出蜂脾；放凉以后按幼虫，封盖的蛹和翅、足俱全的蜂蛹，分别从巢上摘下来，分别加工成盐渍和油渍蜂蛹。幼虫用拇指和食指捏住头部从尾部挤去肚内的食物，然后和没有长翅、足的蛹用 15% 的盐水浸渍，装瓶密封，加工成盐渍蜂蛹，保存期可达 8 个月，烘烤取出的幼虫也可按此法加工。盐渍蜂蛹食用时需要先脱盐，滤去原渍盐水用清水加 5% 的盐浸泡 1 小时，滤去盐水用清水冲一下再用油炸。

（7）油渍蜂蛹　用食用油将蜂蛹炸至金黄色，放凉后连蜂蛹带油密封即成油渍蜂蛹，食用时加温就可上桌。翅、足俱全已经羽化的蜂蛹去掉翅、足后，再加工成油渍蜂蛹。

（8）冻干蜂蛹　一般加工方法可以长期保存蜂蛹，但是易使蜂蛹中的活性物质受到破坏。如将新鲜蜂蛹分拣后进行冻干处理，可避免因高温煮沸破坏蜂蛹中某些活性物质，然后 -80℃ 冷冻保存。冻干蜂蛹具有延缓衰老和增强繁殖功能的显著功效。

2. 胡蜂成虫加工　胡蜂成虫翅膀不能食用，需要除去翅膀。

量少时可以剪去翅膀；量大时烧热铁锅，倒入胡蜂，不断升温、翻动，将水分焙干，用手搓胡蜂翅膀一搓就掉时，取出趁热将翅膀全部搓干净，摊开，冷却后去掉尘粒晾干。

3. 蜂巢产品的粗加工 在幼虫期和化蛹期，将自然界或人工饲养的胡蜂蜂巢采摘下来后，先蒸一下取出幼虫和蛹，再晒干；不要压碎，放置于干燥处，然后将其切碎生用，每千克蜂房和1千克甘草拌匀，炒至微黄入药。蜂房形状大小不一，背面有柄，正面有许多六角形空洞，质轻韧似纸，有臭气。大个、整齐、灰白色、轻软有弹性、没有死蜂和卵的属上品。

（1）整蜂巢加工 将蜂巢放入烤箱慢慢地烘烤，炉内温度不要超过80℃；等蜂脾上的幼虫蛋白质凝固以后，取出蜂脾，倒出幼虫；蜂巢上已经封盖的蜂蛹继续烘烤，烤至摇动蜂巢发出清脆的"刷刷声"，取出蜂脾；用防潮材料包装，可以长时间保存。蜂巢本身就是最好的储存室和防腐剂，保存3～5个月不会变质。

（2）蜂巢粉加工 蜂巢极易吸收水分，加工方法是晒干或微火烤干，除去死蛹，用石碾加工成粗粉，用塑料袋等密封保存，一旦受潮发霉就失去了商品价值。

第九章　胡蜂产品的开发利用

随着人民生活水平的提高，居民对于健康饮食的需求也越来越旺盛。胡蜂的营养价值和保健价值也在被更多人所了解。由于养殖难度和养殖规模的限制，胡蜂产品一直处于供不应求的状态。比如金环胡蜂、大黑蜂等胡蜂的蜂蛹、蜂毒酒越来越受人们喜爱，市场需求非常旺盛。胡蜂资源的开发利用具有广阔的市场前景和经济价值。

第一节　食用方法

在我国，食用昆虫食品非常普遍，胡蜂蛹、家蚕蛹、柞蚕蛹、蝗虫、竹虫等都是常见的直接食用虫体的种类。早期人们的习惯是利用野生的胡蜂幼虫或者蜂蛹来作为配制蜂类制品的原材料。胡蜂蛹的吃法很多，既可做主料也可做配菜，煎炸烹炒，无论怎样吃都受消费者喜爱。

1. 生食　胡蜂巢里的各期幼虫、蜂蛹，从巢里取出即可食用，一般无需作任何处理。云南对胡蜂幼虫和蛹也有生吃的食法。广西阳朔县当地人也习惯生吃蜂蛹，刚刚摘下来的蜂蛹，就有人生吃。生吃原汁原味，味道不错，有些甜。

2. 熟食　餐馆饭店加工食用幼虫和蛹的方法主要包括传统的油炸、酸笋煮、炭烤、清蒸与清汤等。

在云南，各民族都十分喜食胡蜂幼虫和蛹，最常见食用方法是将胡蜂幼虫和蜂蛹用油炸呈焦黄后佐盐食用，也可挂鸡蛋糊后油炸、香气扑鼻、外脆里嫩、味道极佳、美味异常、奇香无比。烹制时，先将胡蜂蛹从蜂巢中取出，拣去杂质，用清水漂洗后晾干，倒入七八成热的油锅内，用小火煎至金黄色，加入少许食盐即可食用（图 9-1）。

图 9-1　油炸蜂蛹

云南人除油炸外也煮吃，常见的有酸笋煮蜂蛹、蜂幼虫；当地人还有清蒸的食用方法，如清蒸蜂幼虫蜂蛹；在景洪、瑞丽等地，傣族人还常将胡蜂幼虫用开水稍煮后，用酸醋等调料凉拌吃；在德宏，有炭烤蜂蛹、蜂幼虫。用微波炉、烤箱加工成可以直接食用的蜂幼虫、蜂蛹产品，可直接进入超市销售。

需要说明的是，蜂蛹蛋白质含量很高，一次不宜食用太多；若食用蜂蛹 2～4 小时后出现恶心、吐逆、腹泻、腹痛、头昏、头痛和全身麻痹等症状，这可能是其中的寄生虫所致，需要及时就医。

一般情况下胡蜂蛹的食用是非常安全的，但临床上曾经出现过食用油炸蜂蛹和喝胡蜂酒出现过敏的病例，原因是胡蜂体内含有的某些蛋白质、多肽等进入人体后刺激免疫系统产生了过敏反应，表现为红肿、奇痒、呼吸和心跳异常等现象，对症治疗后可很快痊愈。

因此，勿食用变质的蜂蛹，过敏性体质的人切勿食用蜂蛹。在第一次食用胡蜂蛹等时先少量试吃一些，以免出现过敏。食用胡蜂蜂蛹、胡蜂保健酒出现过敏反应后，民间都是把胡蜂的蜂巢放在水里煮，然后让过敏者喝蜂巢煮的水，基本上就可以消除或者减轻过敏症状了。也可以在胡蜂产品里添加一定比例的蜂巢粉，消除人体对胡蜂产品的过敏性。

第二节　防治农林害虫

多年的实践证明在农林业上利用胡蜂,能抑制农林害虫,减少农药对环境的污染,具有良好的经济和生态效益。现在云南省山区民间养殖胡蜂较普遍,特别是昆虫类食物丰富的水库水源林和周边的山林,基本上都有人养殖凹纹胡蜂、黄腰胡蜂、黑盾胡蜂、平唇原胡蜂、绿香蜂等蜂类,长久地控制着水源林区虫害。

江苏省海门养蝎咨询站的药用昆虫研究组曾在菜园和棉田试放一定量的胡蜂作试验,10天后即可全部消灭菜青虫和棉铃虫,起到了生物防治的效果。

利用胡蜂防治害虫还有一个优点。因为胡蜂以蜂巢为中心,有固定的活动区域,如果人为地将蜂巢迁放到农田或林场中,一次放蜂,防治害虫全年有效。要利用胡蜂防治农林业害虫,必须将人工养殖的胡蜂巢迁移至农田及林场中。迁移的方法是,在夜间蜂群归巢后,穿防胡蜂服小心地将蜂巢带蜂柄摘下,连蜂带巢装入蜂笼中,将巢迁移至农田或林场中,绑在或挂在树枝上。迁巢时间以初夏为好。此时蜂巢上蜂蛹较多或已出现少量成蜂,蜂王不会飞离蜂巢。迁巢时间太晚会影响治虫效果。

每亩农田平均放置的巢数因胡蜂的种类而不同,如亚非马蜂,每亩地放置2~3巢就行了,蜂量在100~200只。而德国黄胡蜂由于蜂巢特别大、蜂多,移入田间蜂巢可就近捕食作物上的害虫,在蜂多时,一巢的蜂数可达2 000~3 000只,一巢蜂就可以防治6~10亩的棉田害虫。每箱蜂防治害虫面积视虫情、蜂情及其他因素而异。

当然,利用胡蜂防治害虫也有缺点,即不捕食个体小的害虫如蚜虫、红蜘蛛。另外,胡蜂捕食蜜蜂及蚕类,所以在养胡蜂地区不宜养蚕和养蜜蜂,避免在养蚕和蜜蜂的地区养胡蜂治虫。由于胡蜂嗜食熟透的水果,因此在果园地区附近也不宜利用胡蜂治虫。

1. 长脚胡蜂防治棉铃虫　江苏丰县曾在棉田利用胡蜂防治棉铃虫。在第 3 代棉铃虫发生初期（7 月中旬）每亩按 150 只移入长脚胡蜂 4～5 巢。迁蜂后的棉田只施土农药或生物农药，只有在虫非常多时才施化学农药。施药前先将蜂架移出，施药后隔 5～7 天再将蜂架移入。在蜂源少时可巡回迁移防治害虫，即先将蜂集中在小面积棉田上防治害虫，每隔 5～7 天再迁移到别处，既扩大了防治面积，又使蜂群有虫可食。据田间利用效果统计，胡蜂防治棉铃虫有效率可达 80% 以上。减少施药次数 4～6 次，减少劳动日 2～3 个。

2. 角马蜂治虫　角马蜂养殖主要用于防治害虫。在棉田主要是防治棉铃虫和造桥虫。角马蜂蜂巢较小，所以角马蜂所用蜂箱一般为扁平形的，中间有隔板将箱分为 4 个独立的集体蜂箱，各个空间完全隔绝，有单独箱门供蜂进出用，四周仍用铁纱。一个蜂箱内放入 4 窝蜂。箱体为 20 厘米×30 厘米×40 厘米。

在山西运城地区每年 6 月中旬开始移蜂最佳，治虫效果可延续至秋后。到山上移蜂时，选择潮湿的阴雨天气或早上露水重时，此时蜂翅膀受潮不外飞。移巢时用剪刀剪下有巢树枝，连巢一并放入瓶中，每瓶 1 巢，一总带回再分别将巢粘入箱内，每箱 4 巢插入田间中，每亩放 1 箱。

3. 亚非马蜂治虫　利用亚非马蜂防治棉田害虫时，棉铃虫可以减少 60% 以上，造桥虫减少 57% 以上，棉铃受害减少 58%，棉铃脱落减少 20%，平均每亩减少施药劳动力 1～1.5 个，每亩增产皮棉约 5 千克，经济效益显著。

马蜂建巢初期，无论是在蜂棚或野外都会有离巢现象出现，除了食物不充足的原因外，巢上没有幼虫时最容易脱巢。巢里有了很多幼虫后，成蜂恋巢不会离巢飞走，这个时候才可以将蜂箱门于晚间蜂都回巢后关上，第二天将蜂箱移入要防治害虫的田间，每亩均匀放置 5 箱。把建有蜂巢的蜂箱放到田间治虫后，一般不需要喂水和食物。平时注意观察蜂箱是否因为刮风下雨等而破坏，发现后需要及时修理。如果发现有的蜂箱中原巢蜂脱巢或被鸟类等损坏，需要及时补上新巢。

4. 利用胡蜂配合赤眼蜂防治菜田害虫　蔬菜生长期短，使用农药防治害虫可取得即时效果，但农药残留对人体健康不利。1986—1987 年李春藻、李铁生等在山西省运城菜田进行了胡蜂配合赤眼蜂防治菜田害虫的示范应用。两年间，每年释放赤眼蜂3 次，每亩每次 1 万只。每年人工移角马蜂一次，每亩每次 4 巢约 150 只蜂，不使用农药。对照组传统防治使用农药每年 5～10 月按常规方法使用 6 次，农药为乐果、速火杀丁。

使用农药的菜田每亩产蔬菜约 4 000 千克，使用角马蜂和赤眼蜂的每亩产蔬菜 5 000 千克，而且防治费用是使用农药菜田的41％。从防治效果来看，第一年第 3 次释放赤眼蜂后寄生率为79％，第二年 65％；使用农药田的自然寄生率仅有 11％。在释放赤眼蜂后，菜田中仍有一部分害虫卵没有被寄生孵化成幼虫。此时当地角马蜂的第 1 代出现，将其移入田间，进一步控制了害虫。角马蜂以蜂巢为活动中心，一次移巢全年有效。每只蜂日食棉铃虫 19 只或菜青虫 34 只或烟青虫 8 只。害虫数量明显减少，害虫率平均减少 84.3％。

5. 胡蜂移动除虫　传统的胡蜂除虫是将胡蜂蜂群一直养在基地里，不移动胡蜂蜂群，除虫好但存在安全隐患。郭云胶、汪景安、陶顺碧等利用胡蜂回蜂巢的习性，将胡蜂蜂群养殖在蜂箱里，再将蜂箱及里面的蜂群放在经济林、茶叶、水果、蔬菜等基地里，根据需要移动箱体，解决了安全隐患，可在需要的时间和地区不使用农药而快速、安全除虫。同传统的赤眼蜂等寄生性蜂种和技术相比，可移动胡蜂除虫具有可持续除虫的效果，是一种开创性生物防治技术。

第三节　胡蜂的药用

胡蜂成虫、幼虫、蜂毒和蜂巢均可入药，药名分别为大黄蜂、大黄蜂子、蜂毒和露蜂房。药用胡蜂的功效与使用在古今许多药学著作上都有记载，如《神农本草经》《千金翼方》《本草纲目》《唐新修本草》《本草纲目拾遗》《中国药用动物原色图鉴》《常见药用动物》《中国民族药志要》和《傣药》。

1. 成虫的药用　胡蜂科昆虫的斑胡蜂和黑尾胡蜂等成虫，药材名大黄蜂（全体），药用胡蜂味甘辛，性温，主治风湿痹痛。

金环胡蜂活体胡蜂保健酒对风湿病和关节炎的药效最优，酒中的蜂毒越多，沉淀越明显，颜色越金黄，又麻又苦的口感越明显。

胡蜂酒制法：活胡蜂100克，40°白酒1 000毫升。胡蜂浸泡于白酒15天，滤渣取酒饮服，每次口服15～25毫升，日服2次。主治急性风湿病、风湿性关节炎。服后偶有皮肤瘙痒，次日即消失。

2. 幼虫的药用　胡蜂幼虫可以入药，其幼虫（药材名大黄蜂子）味甘辛，性温，主治风湿痹痛。

3. 蜂巢的药用　胡蜂蜂巢也可以入药。药材名露蜂房，商品药材一般简称蜂房，又名蜂肠、百穿、马蜂窝、蜂窠、紫金沙、蜂叶子、野蜂房、蜂房、大黄蜂窠、马蜂包、虎头蜂房、纸蜂房、长脚蜂窝、草蜂子窝等。药用历史悠久。早在两千多年前的《神农本草经》就已有记载。明代李时珍的《本草纲目》认为药用蜂房系多种野蜂之巢，其中以大黄蜂质量为优。蜂房产地分布较广，全年大部分时间都可采收，但以秋冬两季（10～12月）较多。直接从树上摘下没经过处理的售价在40～60元/千克，经过处理的蜂房成品中药在药房400元/千克。

露蜂房完整者呈盘状、莲蓬状或重叠形似宝塔状。它具有独特的蜂窝状结构，灰褐色或红褐色，干燥呈纸质，有韧性。商品多破碎不完整，大小不一，表面灰白色或灰褐色。腹面有整齐的六角形房孔，孔径3～4毫米或6～8毫米；背面有黑色突出的柄；体轻，质韧，略有弹性。露蜂房味甘性平、小毒，主要含有蜂蜡、蜂胶、树脂、挥发油、蛋白质、钙、铁等多种成分，具有祛风镇痛、祛风驱虫、消肿解毒止痛等多种功效。

4. 蜂毒的药用 胡蜂毒是贮存在毒囊里的毒液。蜂毒作为一种传统药物，对风湿、类风湿关节炎，血栓，心血管系统疾病等有一定的疗效。近年来，人工饲养胡蜂和蜂毒提取技术的发展，使蜂毒应用于医药变得更广泛。研究表明黑绒胡蜂毒素中的十四肽阳离子可作为降压药物；蜂毒及蜂毒素能杀伤癌细胞，有抗癌活性及抗辐射作用。在我国中医及国外医药界虽然早有应用，但采取的是毒性较小的马蜂和黄胡蜂。胡蜂的毒素毒性较明显，对正常组织有一定的毒性作用，特别是溶血反应，限制了它在肿瘤临床的应用。

（1）主要成分 胡蜂毒液是药理和成分很复杂的毒蛋白物质，胡蜂毒的化学组成与蜜蜂毒类似，成分包括多肽类、酶类、酸类、组胺、游离氨基酸及其他微量元素。胡蜂毒至少含50种以上的成分，目前国内和国际都还没有一个较为规范和统一的质量标准。

（2）价格 现在国际上已有20多种胡蜂蜂毒产品出售。国际市场上每毫克胡蜂毒的价格曾达20～50美元。为了满足蜂毒药源的供应和保证质量，养殖胡蜂取毒是最佳途径，而且需要先进的取毒方法。

（3）蜂毒的提取 胡蜂毒的提取有直接刺激取毒法、乙醚麻醉取毒法、电刺激取毒法等。现在国内外普遍采用电刺激取毒法。电取蜂毒器样式较多，但基本原理相似，有两部分：一部分是控制器，产生断续电流刺激胡蜂排毒；另一部分是取毒器，包括栅状电极、紧绷其下的尼绒布和尼绒布下的玻璃板或器皿。我国的科研工作者在多年研究胡蜂的基础上，经过不断改进，也设计了胡蜂自动取毒仪，可对单个胡蜂进行多次取毒作业。凡是在人工养殖胡蜂的地方均可以考虑利用这一技术增加收入。

提取胡蜂蜂毒需要准备一些仪器设备：蜂毒提取仪、低温冰柜、冷冻离心机（蜂毒去杂提纯）、冷冻干燥机（脱水干润）、液氮瓶（冷冻）、精密电子秤。

胡蜂取毒前准备工作如下：①采毒蜂群必须群势强大。②选择气温在 15℃ 以上的无风晴天中午进行。③要给饲养的蜂群提供足够的高营养饲料,以增强体质,可以减少取毒过程时胡蜂的死亡率,而且胡蜂所排的毒汁浓,产量和质量都高。取毒的前一天晚上,将饲养笼的门关闭,黎明后蜂不能出笼活动;取毒前先将蜂笼或蜂箱提到工作室,进行笼壁及蜂群消毒。④采毒时,操作人员必须穿好防护服,扎好袖口、裤脚,戴好面罩,严禁吸烟。⑤电网、尼龙布、玻璃板或器皿一定要清洁卫生,贮存蜂毒的小瓶要洗净、烘干后再用。⑥取毒器要放在干燥、通风的地方,每次取毒前电池要全部更新。将要取毒的胡蜂从饲养笼中移到特制的玻璃容器内,将器皿倒置扣下在取毒仪上,使胡蜂直接接触取毒仪上层;然后开动取毒仪,在电击的条件下,胡蜂会自动伸出螯针蜇刺,将蜂毒液排在玻皿中,随即关闭取毒仪;再将排过毒的胡蜂移回饲养笼中,添加饲料喂养,使其尽早恢复因受刺激而消耗的体能。将蜂笼用黑色物围严,放回蜂棚原处(否则,胡蜂不再认巢),并于晚间开启笼门,使其少受干扰。第二天即很习惯地出笼活动。⑦将取毒仪上的毒液收集起来,就可以得到原蜂毒。可将原毒用蒸馏水溶解稀释后用离心机除去杂质,将纯液置于冷冻干燥机内,冷冻干燥后即可得到蜂毒干粉。然后按重量要求,经称重后分装在经洗净消毒干燥的有色小玻璃容器内,密闭封口。用不掉色墨水注明胡蜂种类、采毒日期、重量、采毒人姓名、产地等字样的标签,贴在各小瓶上,再放入大容器中,瓶口向上排列整齐。⑧蜂毒应避光、防潮、防热、防污染,最好置于低温冰柜或冰箱中冷藏保存。⑨应及时出售或使用。

操作使用取毒仪取毒时,可由 2 人进行。每天可以完成 1 000 只蜂的取毒工作。在最适宜胡蜂活动的季节,一般相隔 3～4 天即可取毒一次。现在用电击的方式电击 1 000 只金环胡蜂工蜂就可以提取 2 克蜂毒,是蜜蜂蜂毒量的 10 倍。

(4)**蜂毒理化性质**　胡蜂尾部毒囊内分泌经毒针排出的透明液体,在常温常压下 30 分钟后挥发为乳黄色、半透明胶状固体。在显微镜下呈颗粒片状结晶,味微苦、辣,气芳香,易溶于水,不溶于乙醇。在空气中存放 5 小时就会氧化变质，口服很快被消化液分解失效，遇高温（80℃）、强酸、强碱均能破坏生物活性而失效，为此所提毒液应该置液氮或在真空中保存，也可冷冻干燥成干品后低温保存。从捕蜂采毒到制剂，禁止使用金属器具，避免与高温、强碱、强酸接触。

（5）蜂毒的作用　多肽神经毒具有镇静和神经阻断作用，从而产生镇痛效果。以大胡蜂毒液为主要原料研制的外用擦剂，用于治疗烧伤、牙痛，镇痛效果非常显著，用药 2～3 分钟疼痛明显减轻或消失。蜂毒的抗菌作用非常好，用于治疗烧伤及外伤不易发生感染，用 1∶50 000 的蜂毒水溶液可抑制细菌生长，溶血毒多肽能对抗对青霉素有耐药性的金黄色葡萄球菌，并能抑制和杀灭 20～30 种病原体。利用胡蜂蜂毒研制的产品还有胡蜂蜂毒喷液、渗透液等药品及胡蜂蜂毒除痘剂、面膜剂等美容用品。

5. 胡蜂蜂疗　胡蜂蜂疗目前有胡蜂蜂蜇疗法、胡蜂蜂毒渗透剂外涂疗法、胡蜂小分子肽口服液内服疗法等。胡蜂蜂蜇疗法是在病痛患者自愿的情况下，用经过处理的胡蜂尾针直接蜇人病痛部位来治疗的方法。胡蜂蜂毒渗透剂外涂疗法是将该渗透剂涂抹在病痛时间较短、较轻的患者的病痛部位治疗。胡蜂小分子肽口服液内服疗法是每月服用 450 毫升该口服液来预防和治疗病痛。

此外，目前研究发现，胡蜂幼虫的分泌物成分类似人奶，比如东方胡蜂的幼虫交哺液含糖 5.5%、蛋白质（包括氨基酸）1.3%，浓度竟然和人奶成分相似，有一定的开发利用价值。胡蜂的幼虫和蛹还是一种很好的化妆品原料。

参考文献

REFERENCES

蔡政，陈静芳，蔡跃旋，等，1999. 药用胡蜂的人工养殖 [J]. 农家顾问 (4)：26-27.

陈勇，孙希达，1996. 黄腰胡蜂生活习性及其利用的初步研究 [J]. 杭州师范学院学报 (11)：39-43.

陈勇，童迅，2004. 黑盾胡蜂的生物学习性 [J]. 吉首大学学报 (6)：80-84.

董大志，王云珍，1989. 凹纹胡蜂与黑尾胡蜂生物学初步研究（膜翅目：胡蜂科）[J]. 动物学研究 (2)：156-161.

董大志，王云珍，2003. 胡蜂属 *Vespa* 的系统发育研究（膜翅目：胡蜂科）[J]. 西南农业大学学报 (5)：405-408.

董大志，王云珍，2017. 云南胡蜂志 [M]. 郑州：河南科学技术出版社.

冯颖，陈晓鸣，叶寿德，等，2001. 云南常见食用胡蜂种类及其食用价值 [J]. 林业科学研究，14 (5)：578-581.

冯颖，陈晓鸣，赵敏，2016. 中国食用昆虫 [M]. 北京：科学出版社.

郭成俊，张映升，滕跃中，2008. 胡蜂寄生虫巨触虻的初步研究 [J]. 中国蜂业 (9)：21-22.

郭云胶，高鹏飞，赵昱，2012. 胡蜂科昆虫资源可持续利用的科学养殖技术 [J]. 安徽农业科学，40 (21)：10906-10908.

郭云胶，黄国忠，2013. 人工科学养殖金黄虎头蜂试验初探 [J]. 农业与技术 (2)：138-139.

郭云胶，李翠，黄国忠，2013. 科学开发胡蜂科蜂类资源需要的工具 [J]. 科技创业家 (2)：219-220.

郭云胶，罗自旺，张丽莹，2012. 金黄虎头蜂蜂毒保健酒配制方法研究 [J]. 中国酿造 (4)：199-201.

郭云胶，汪景安，陶顺碧，2018. 可移动胡蜂除虫技术 [J]. 植物医生 (10)：23-26.

郭云胶，2012. 人工助迁养殖胡蜂科金黄虎头蜂试验研究 [J]. 现代农业科技 (6)：322，328-329.

郭云胶，2012. 推广科学养殖技术确保胡蜂科昆虫资源可持续利用 [J].
　　科技创新导报 (8)：138-139.

和秋菊，易传辉，张正旺，等，2018. 胡蜂人工养殖现状及存在的问题
　　[J]. 湖北农业科学 (9)：10-13.

黄少康，2001. 金环胡蜂及其洞穴内其他节肢动物的研究初报 [J]. 福建
　　农业大学学报 (1)：99-102.

黄武，彭文和，包丁红，2007. 胡蜂的寄养和利用 [J]. 湖南林业科技，
　　34 (2)：85-86.

霍锡敏，2002. 危害柞蚕的害虫——中华胡蜂及其防治 [J]. 特种经济动
　　植物 (12)：36.

简旭东，2006. 正确认识胡蜂 [J]. 养蜂科技 (10)：15.

李春藻，李铁生，1989. 利用胡蜂配合赤眼蜂防治蔬菜害虫 [J]. 中国生
　　物防治 (3)：135-136.

李杰，李辉，孙立军，2011. 蒲公英治疗胡蜂蜇伤 32 例 [J]. 寄生虫与医
　　学昆虫学报 (4)：261.

李俊兰，方海涛，2008. 我国胡蜂的研究进展 [J]. 安徽农业科学，36
　　(26)：11426-11427，11430.

李琳，1998. 露蜂房的研究和应用 [J]. 中草药 (4)：277-279.

李铁生，1993. 中国胡蜂资源的开发与利用 [M]. 北京：科学出版社 .

李艳杰，李幸辉，邹远奋，等，2009. 陕南地区 3 种袭人胡蜂的生物学特
　　性研究. 西北林学院学报，24 (6)：102-105.

刘裕民，王德法，1979. 胡蜂生物学特性和棉田利用的初步观察 [J]. 昆
　　虫天敌 (8)：26-30.

刘云，徐祖荫，廖启圣，等，2017. 蜜蜂天敌——食虫虻初报 [J]. 中国
　　蜂业 (10)：35.

马万炎，侯伯鑫，1990. 小金箍胡蜂越冬期剖巢观察 [J]. 昆虫知识
　　(1)：33.

孟凡明，梁醒财，2009. 平唇原胡蜂剖巢检查 [J]. 西北林学院学报，24
　　(6)：109-111.

潘峰，沈宜聪，李智丹，2015. 外敷季德胜蛇药片治疗轻症胡蜂蜇伤 40 例
　　临床观察 [J]. 中国实用乡村医生杂志 (5)：45.

谭江丽，C. van Achterberg，陈学新，2016. 致命的胡蜂：中国胡蜂亚科
　　[M]. 北京：科学出版社 .

滕跃中，张映升，郑永惠，2009. 太行山胡蜂寄生虫研究情况 [J]. 中国
　　蜂业 (1)：26-28.

王桂清，2003. 药用胡蜂的养殖技术 [J]. 养蜂科技 (2)：21.

王兴旺，李涛，卓志航，等，2015. 浅析胡蜂的资源价值及危害 [J]. 四
　　川林业科技 (4)：43-46.

项海青，沈立荣，潘成荣，等，2006. 杭州市蜇人胡蜂种类及发生趋势分
　　析 [J]. 昆虫知识，43 (3)：361-362.

邢汉卿，2010. 湘西民间猎捕胡蜂法 [J]. 中国蜂业 (7)：41.

徐宗佑，1996. 昆虫的分类、采集与饲养 [M]. 北京：中国人事出版社.

许益波，2013. 季德胜蛇药内服外敷治疗蜂螫伤 5 例临床疗效观察 [J].
　　大家健康 (学术版)(11)：126-127.

杨啸风，任国栋，2001. 陆马蜂的筑巢行为与习性 [J]. 河北大学学报，3
　　(3)：80-84.

张古权，张晓声，2017. 胡蜂科昆虫资源可持续利用的科学养殖技术 [J].
　　新农业 (21)：43-45.

赵荣艳，段毅，2010. 东亚飞蝗养殖与利用 [M]. 北京：金盾出版社.

赵荣艳，段毅，2012. 蝈蝈养殖与利用 [M]. 北京：金盾出版社.

赵荣艳，段毅，2018. 金蝉养殖实用技术 [M]. 北京：中国科学技术出
　　版社.

周清波，姜成，李春丰，等，2014. 露蜂房的生药鉴定 [J]. 黑龙江医药
　　科学 (4)：11.

图书在版编目（CIP）数据

胡蜂/马蜂高效养殖与利用技术 / 赵荣艳，段毅主编 .
—北京：中国农业出版社，2020.12（2022.9 重印）
ISBN 978-7-109-26020-7

Ⅰ. ①胡… Ⅱ. ①赵… ②段… Ⅲ. ①养蜂 Ⅳ.
①S89

中国版本图书馆 CIP 数据核字（2019）第 215793 号

胡蜂/马蜂高效养殖与利用技术
HUFENG/MAFENG GAOXIAO YANGZHI YU LIYONG JISHU

中国农业出版社出版
地址：北京市朝阳区麦子店街 18 号楼
邮编：100125
责任编辑：肖　邦
版式设计：王　晨　　责任校对：刘丽香
印刷：中农印务有限公司
版次：2020 年 12 月第 1 版
印次：2022 年 9 月北京第 3 次印刷
发行：新华书店北京发行所
开本：889mm×1194mm　1/32
印张：5.25　　插页：2
字数：140 千字
定价：28.00 元

野外树上的
胡蜂蜂巢

野外拟金环蜂蜂
巢（厚皮壳蜂）

失去外壳的胡蜂巢

农户房屋上的胡蜂
蜂巢

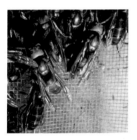

大胡蜂

1cm

金环胡蜂

金环胡蜂（红娘蜂）

金环胡蜂的各种颜色

墨胸胡蜂

小夜蜂

七甲游胡蜂（黑绒胡蜂）　　蜂笼内的胡蜂　　胡蜂人工控制交配

胡蜂自
然交配　　　　　胡蜂越冬筑巢　　　　温室越冬胡
蜂在取食液体
食物

红娘蜂小蜂群　　凹纹胡蜂（葫　　大黑蜂小蜂群　　大黑蜂在取食树汁
　　　　　　　　芦蜂）小蜂群

大黑蜂在吃饲料　　胡蜂箱（树筒）　　集中运输邮寄蜂　　胡蜂养殖场
　　　　　　　　　　　　　　　　　　　王的木箱

大棚养殖胡蜂　　黄脚胡蜂在取食　　胡蜂在取食蜂蜜水　　胡蜂在补充
　　　　　　　　麻栗树汁　　　　　　　　　　　　　　　液体食物

给红娘蜂挖蜂巢　　养殖的胡蜂巢　　采收的大胡蜂蜂巢　　用车运输胡蜂蜂巢

取大胡蜂蜂蛹

清理胡蜂蜂巢

清洗过的胡蜂蛹

油炸胡蜂蛹

民间制作的胡蜂酒

人工蜂巢基础

胡蜂巢防盗器

胡蜂及巨触虻

圆圈中的一只就是黄尾
巢螟幼虫